拙 匠 营 造 录

（设计卷）

梁宝富　编著

中国建材工业出版社

图书在版编目(CIP)数据

拙匠营造录. 设计卷 / 梁宝富编著. —北京：中国
建材工业出版社, 2015.9
ISBN 978-7-5160-1280-2

Ⅰ. ①拙⋯ Ⅱ. ①梁⋯ Ⅲ. ①园林建筑—古建筑—建
筑设计—中国 Ⅳ. ①TU986.4

中国版本图书馆CIP数据核字(2015)第215871号

拙匠营造录（设计卷）

梁宝富　编著

出版发行：中国建材工业出版社
地　　址：北京市海淀区三里河路1号
邮　　编：100044
经　　销：全国各地新华书店
印　　刷：北京中科印刷有限公司
开　　本：635mm×965mm　1/8
印　　张：34
字　　数：610千字
版　　次：2015年9月第1版
印　　次：2015年9月第1次
定　　价：**298.00元**

本社网址：www.jccbs.com.cn　　微信公众号：zgjcgycbs
本书如出现印装质量问题，由我社网络直销部负责调换。联系电话：（010）88386906

古城扬州（胡玉提供）

澄懷　味象　清心

甲午孟月秋

鑄園林　精品弘民族文化

為意匠軒公司敬題

金法鈞

賀意匠軒

意在筆先　匠運其中

陸元鼎題

精心創作　永不止步

為意匠軒敬題

劉某某

賀意匠軒公司

再上新台階

禹炳堅賀

賀楊州意匠軒園林古建築營造有限公司

古韻今風　南秀北雄

序一

中国园林古建筑在数千年的历史发展过程中逐渐形成了完备的造型式样、风格特征、结构体系和巧妙多变的设计手法，是古代劳动人民创造的伟大的智慧结晶。这种具有鲜明民族特色的建筑在国际上久负盛名。在城市个性与特色彰显的时代，在古代文明传承与现代文化发展交相辉映的时代，建筑遗产的保护、修复、传承与创新已成为城市建设的一个热门的专业课题。近十年来，扬州意匠轩园林古建筑营造有限公司的能工巧匠们，顺应时代的发展，艰苦创业、精益求精，创作了一批优秀的园林古建设计施工作品，成为城市的名片和符号，确是令人鼓舞的。作品表现出了专业的文化内涵和技艺的地域特征，无论是住区环境或城市广场都表现出人工景观与生态自然的巧妙结合，体现了对历史的敬重和中国传统文化传承与创新以及人类回归自然的思考与理性追求，是值得关注的好作品。这次他们将十年来优秀成果中的一部分作品汇集出版，既可向大家展示他们的设计施工成果，也有利于不断总结经验，以进一步提升自身的专业水平。

清代文人钱泳在《履园丛话》中评论："造屋之工，当以扬州为第一。"这一点在扬州意匠轩园林古建筑营造有限公司的作品中得到了充分体现。不仅如此，公司还体现了时代的责任和担当。我总结意匠轩园林古建筑营造有限公司有三大特点：一是公司人才众多，既有优秀的设计人才，也有能打硬仗的施工队伍；既有善于谋划的总策划师，也有精于实践的一线工作者。二是工程获奖项目多，公司是我市建筑业创优大户之一，用业绩为扬州"建筑之乡"美誉增光添彩，多个施工项目获得了国家优秀工程奖。三是关注理论研究，公司积极参加扬州地域建筑风貌的研究，2015年专门和扬州历史文化名城研究院一同创建了园林古建筑研究所，承担相关研究工作，为扬州古城保护的技艺传承作出贡献。

我对扬州意匠轩园林古建筑营造有限公司是比较熟悉的，印象最深的是意匠轩公司承建的扬州东关街街南书屋十二景复原项目，这个项目是由我直接参与、指挥和指导的。在工程设计施工过程中，他们的专业素养、吃苦耐劳、专心致志于工作的团队精神深深感动了我。作为团队领军人物的梁宝富先生，以扎实的理论功底和丰富的实践经验，已卓然成为新时期园林古建营造领域的代表人物。

最后，我期待扬州意匠轩园林古建筑营造有限公司有更多的优秀作品问世，衷心祝愿意匠轩园林古建筑营造有限公司事业蒸蒸日上，希望公司积极响应"一带一路"的国家战略，为中国园林古建筑走向国际作出应有的贡献！

是为序。

扬州市城乡建设局局长　　杨正福

序二

梁宝富先生主持的扬州意匠轩园林古建筑营造有限公司，从一个很小的分队到成为一家在业内颇有影响的专业公司，经历了艰苦的创业和发展，屈指算来已有十个年头了。他们通过自身的努力，奋力开拓，迅速成长为一家集设计、施工、研究为一体的知名企业，已成为扬州园林建设的主力军，取得了辉煌的业绩，值得祝贺！他们为了表达对扬州建城 2500 周年的祝贺，特将公司成立十年来辛勤劳动和创作的成果，以《拙匠营造录》为名汇集成专著出版，这份对古城的真挚情感让人感动，也令人敬佩。

在公司取得辉煌成就的今天，能够借出版著作，向社会展示成果并与同行交流，总结经验，以进一步提升自身能力与水平，这样一种富有远见的举措难能可贵。清代李斗在《扬州画舫录》中引用刘大观的话说："杭州以湖山胜，苏州以市肆胜，扬州以园亭胜。"又说："扬州以名园胜，名园以垒石胜。"这都是对古代扬州园林及营造技术的赞誉与肯定。难能可贵的是，扬州意匠轩园林古建筑营造有限公司在积极参与当代扬州园林建设的同时，积极探索"走出去"的战略，大力弘扬传播扬州园林的传统技艺。据我所知，他们的业务已逐渐延伸到沙特、美国、越南等国，同时，在全国 15 个省份开展工作，是目前我市承接市外工程最多的企业，为扬州经济建设作出了巨大贡献，符合当前李克强总理所倡导的"大众创业，万众创新"的时代趋势。

伴随着我国生态文明建设战略的推进，遗产保护和风景园林事业的创新发展，正以前所未有的速度向前发展。人类文明、人与自然，精神与物质、科学与艺术的高度融合带来了一系列发展的机遇与挑战。面对这一需求，意匠轩园林古建筑营造有限公司以其十年的实践积累做出了有益的尝试，取得了丰硕的成果。《拙匠营造录》正是他们辛勤耕耘所取得的精品力作的汇集，也是他们虔诚地向扬州建城 2500 周年奉献上的礼物。

衷心希望意匠轩园林古建筑营造有限公司在梁宝富先生的带领下，在今后的事业发展中，继续保持艰苦奋斗、精心创作的好作风，为人类社会的环境保护和风景园林事业作出贡献，向社会奉献更多的传世精品工程。

扬州市园林管理局局长　赵御龙

序三

扬州是国务院公布的首批历史文化名城之一，历史文化积淀深厚，地上、地下文物丰富。全市现有各级各类文物保护单位 463 处，其中全国重点文物保护单位 21 处，省级文物保护单位 46 处，市、县级文物保护单位 396 处。第三次全国文物普查登记的新发现不可移动文物点有 1735 处。

文物保护工程是对具有历史价值、文化价值、科学价值的历史遗留物采取一系列维修、保护措施而防止其受到损坏的工程，它直接与文物本体产生接触，通过现代人的辛勤劳动和智慧与古人对话，使文物古迹蕴藏着的历史文化信息得到最大限度的保留，得以延年益寿、传承万代。近年来，在扬州市委、市政府高度重视下，文物保护和利用等各项事业发展健康有序。在文物工作中始终坚持"保护为主、抢救第一、合理利用、加强管理"的工作方针，有效开展了一批文物保护工程，抢救修缮了一批文物建筑。随着文物保护工作的深入开展和全社会对文物重视程度的不断提高，文物资源必将得到进一步挖掘和保护。

在扬州城庆 2500 周年、意匠轩园林古建筑营造有限公司成立 10 周年之际，梁宝富先生把近年来完成的文物保护、仿古建筑、风景园林工程的设计、施工作品汇编出版，秉承了中国营造学社的精神，起到了表率作用，值得借鉴。从他们营造的成果来看，既对传统建筑技艺有所吸收、传承，又在传统建筑结构、工艺、材料方面进行了大胆而有益的探索，体现了一个优秀企业的特质、新颖的企业文化和科学的创作动力。我相信《拙匠营造录》的出版不仅对我市文物建筑保护工程的设计、施工、研究工作者有一定的参考价值，而且必将对我国传统建筑遗产保护事业有所启迪。

意匠轩园林古建筑营造有限公司在大运河遗产（扬州段）保护工程实施中，通过精心设计、组织和把握工序，保持了文化遗产原形制、原工艺、原风貌，得到了世界文化遗产专家的称赞及国家、省各文物主管部门的肯定和表扬，对大运河申遗成功作出了一定贡献，在此深表谢意。最后，希望意匠轩园林古建筑营造有限公司在新形势下，以此为新的起点，更好地肩负起文化遗产保护的神圣使命，向社会奉献更多的传世精品工程。

扬州市文物局局长

前言

匠石運斤

意匠軒營造傳承建
築文化自強不息厚
德載物結淀著智慧
的結晶映著智慧
的光芒華夏傳統的
技藝具有璀璨奪目
的民族氣息豐富多
彩將時代的光華演
繹得淋漓盡致而意
匠軒以傳統文化智
慧華夏工藝為根基
天人合一為宗旨將
意與境融入藝技與
到設計施工的全過
程藝匠神工民族瑰
寶精神靈魂源遠流
長用寶力見証魅力

乙未秋盧德林書

梁宝富文·卢德林书

目录
CONTENTS

· 中国古代园林史简述   1 ～ 16

· 传统建筑类   17 ～ 109

· 建筑遗产保护类   110 ～ 159

· 风景园林类   160 ～ 215

· 其他建筑类   216 ～ 223

· 杂匠旧作   224 ～ 256

· 项目索引目录   257 ～ 258

· 致谢

中国古代园林史简述

园林溯源

中国是一个历史悠久的文明古国，有着五千多年的历史所沉淀的光辉的文化，对人类文明和社会进步作出了贡献。锦绣山川的壮观秀丽，历史文化的深厚沉淀，孕育着中国古典园林的发展。中国古典园林是中国古典文化的重要组成部分，已经形成了博大精深的体系，展现了中国文化的精粹。中国古典园林以其丰富多彩的内容和精致的艺术而成为世界上独树一帜的园林体系，深深地影响着世界园林的发展。

从类型上来说，皇家园林、私家园林、寺观园林这三种类型是中国古典园林的主体。从分期来说，中国古典园林的历史可以分为生成期（先秦、两汉）、转折期（魏晋南北朝）、全盛期（隋唐）及成熟期（宋到清）四个时期。最早见于史籍记载的园林形式是"囿"，囿面的主要构筑物是"台"。中国古典园林产生于囿与台的结合，时间在公元前11世纪，也是奴隶社会后期的商末周初。囿最早是蓄养禽兽的场所，主要供帝王狩猎之用。台是用土堆筑而成的高台，其用处是登高以观天象、通神明。为满足狩猎和通神的功能而出现的囿与台，已包含着风景式园林的物质要素。

先秦宫苑

中国古典园林首先出现的类型是皇家园林，而历史上最早的、有史可征的皇家园林是商末殷纣王所建的"沙丘苑台"和周文王所建的"灵囿""灵台""灵沼"。

殷纣王修建的"沙丘苑台"中的苑状于囿，"苑""台"并提意味着两者相结合而成为整体的空间环境。周文王修建的"灵囿""灵台""灵沼"，它们的大概方位见于《三辅黄图》的记载："周文王灵台在长安西北四十里，高二丈，周围百二十步。"《孟子》记载："文王之囿，方七十里"。刘向《新序》："周文王作灵台，及于池沼……泽及枯骨。"可见囿里面养有动物，种有植物等，不仅可供周文王狩猎，还是他欣赏自然风光的场所。

春秋战国时期，诸侯势力强大。不少诸侯国都在都邑附近经营园林，规模都不小，而且大多数以台作为中心。据《太平广记》记载："吴王夫差筑姑苏台，三年乃成。周环诘屈，横亘五里。崇饰土木，殚耗人力。宫妓千人，又别立春霄宫。为长夜饮，造千石酒盅。又作大池，池中造青龙舟，陈妓乐，日与西施为水戏。又于宫中作灵馆馆娃阁，铜铺玉槛，宫之栏楯，皆珠玉饰之。"由此可知，姑苏台已是一座以游赏功能为主的比较完备的园林了。

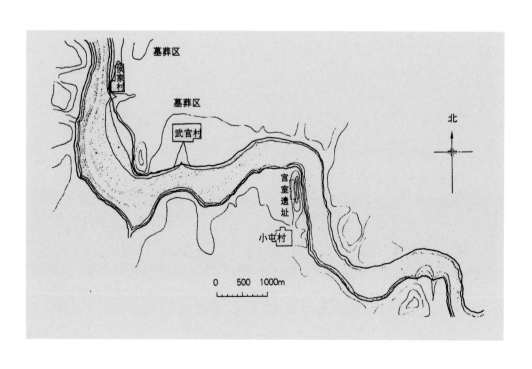

殷墟总平面图（《中国古代建筑史》）

《虎丘前山图轴》（局部）【明】钱谷
虎丘建于2400多年前的春秋时代，自然环境优美，园林景点及人文古迹丰富，为江南著名园林。

秦汉宫苑

秦始皇统一六国，建立中央集权的大帝国，建有阿房宫，其规模宏伟，同时又开始以空前的规模兴建离宫别苑。

《历代宅京记》描述："咸阳北至九嵕、甘泉，南至鄠、杜，东至河，西至汧、渭之交。东西八百里，南北四百里，离宫别馆，弥山跨谷，辇道相属，木衣绨绣，土被朱紫。宫人不移，乐不改悬，穷年忘归，犹不能遍。"

其中比较重要且能确定位置的有上林苑、宜春苑、梁山宫、骊山宫、林光宫、兰池宫等几处。

秦始皇营建咸阳宫苑，还深受神仙思想影响。皇家园林除了狩猎、通神、生产、游憩的功能之外，又多了一个求仙的目的，如上林苑内的"兰池宫"。

西汉王朝建立之初，秦的旧城咸阳被焚毁，乃于咸阳东南，渭水之南另建新都长安。西汉的众多宫苑中比较有代表性的为上林苑、未央苑、建章宫、甘泉宫，各具格局，代表着西汉皇家园林的几种不同的形式。

上林苑是一个庞大的"皇家庄园"，体现在：一、它是一个极具格调的自然山水环境；二、内部的建筑是"传统式"的总体布局；三、它是一座多功能的皇家园林，具有游览、居住、朝贡、娱乐、狩猎、通神、求仙、生产、军训等功能。

未央宫的总体布局，由外宫、后宫两部分组成，据《西京杂记》的记载，计有"台殿四十三所，其三十二在外，其十一在后。宫池十三，山六，池一、山一亦在后。宫门闼凡九十五。"

建章宫的总体布局，北部以园林为主，南部以宫殿为主，成为后世"大内御苑"规划的滥觞，它的园林区是历史上第一座具有完整的三仙山的仙苑式皇家园林。"一池三山"模式成为后世皇家园林的主要模式。

甘泉宫建筑群的主要殿宇除台室及泰畤坊之外，据《开辅记》的记载，有甘泉殿、紫殿、迎风馆、高光宫、长定宫、竹宫等，周围建有宫墙。甘泉宫有求仙通道、避暑游憩、朝会仪典、政治活动、外事活动等多种功能，是历史上第一座宫、苑结合的离宫别苑。

东汉迁都洛阳，城内建有南宫、北宫，还有永安宫、濯龙园、西园、南园等宫苑，城外近郊的行宫御苑，见于文献

《阿房宫图》（条屏）【清】袁江
袁江的界画常取古代历史上著名的宫阙殿宇为题，此幅即以秦始皇三十五年（前212年）兴建的阿房宫为表现对象，按唐代诗人杜牧的《阿房宫赋》的文意，描绘了阿房宫胜景。画中层峦叠翠、曲水萦环、亭桥卧波，重楼叠阁广布于松荫和山水之间。

的有十处：筶圭苑、灵昆苑、平乐苑、上林苑、广成苑、光风园、鸿池、西苑、显阳苑、鸿德苑。总的来看，东汉的皇家园林数量不如西汉多，规模远较西汉少，有"宫""苑"之别，也有称"园"的。但是园林的游赏的功能上升，注意造景的效果。洛阳城内大型宫苑共有4座，濯龙苑是其中最大的一座。

对于先秦、两汉的园林有三方面加以认识：一是蓬莱方丈、瀛洲三岛宫苑布局的形成，构建了池中建岛，山石点缀的手法；二是造园艺术的成熟，即建筑、山、水、动植物等集为一体；三是都城内建有宫苑，还在郊外及其他地区建有离宫别苑；四是私家园林开始出现（如东汉桓帝时大将军梁冀所建园囿）。

《阿阁图轴》【宋】佚名

画中高台楼宇，亭阁楼榭，曲栏回廊，松林茂密，池塘春草。宋代画家生动地描绘了宫苑的雄伟气势。

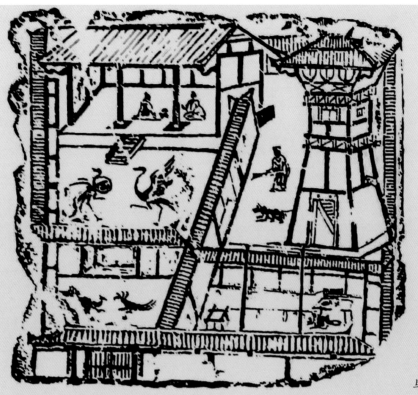

四川出土的东汉画像砖
（刘志远，余德章，刘文杰.四川汉代画象砖
与汉代社会 [M]. 北京：文物出版社，1983.）

山东微山县两城镇出土的东汉画像石水榭图
（王建中 . 汉代画像石通论 [M]. 北京：紫禁城
出版社，2001.）

魏晋南北朝

魏晋南北朝时期是中国历史上的一个大动乱时期，思想十分活跃，儒、道、释、玄共鸣，在思潮的影响下造园活动完全升华到艺术创作的境界，由再现自然进而表现自然，建筑也作为造园的要素，与其他自然的要素协调。中国园林开始形成皇家、私家、寺观三大类型并行发展的局面，"园林"一词已出现于当时的诗文中。魏晋南北朝园林发展的突出的形象体现在寺观园林的兴起，同时奠定了风景式园林艺术上承秦汉遗风，也是后此的隋唐园林全面兴盛的伏脉。

北朝孝子石棺侧壁之雕刻
（原件藏美国 Nalson Atkins 美术馆）

《东晋风流图》【元】方从义
此画描绘了东晋时期的名流王羲之等人坐于岸边水榭之上，周围溪山环抱、树丛葱茏、楼阁隐现其间的园林景色。

▲1. 魏晋南北朝时期的皇家园林虽然在很大程度上仍旧是承袭秦汉时期仙岛神域的模式，但是造园技术的提高让其在具体的园林营造做法上已经有了很大的区别，景境的模仿将自然景观和人工景观有机的结合，这也是人们对自然美的重新认识。

▲2. 魏晋南北朝，士人园林随着人们宇宙观、思想观的变化而向着宁静、优雅的山水园发展，根植于这一时期蓬勃发展的山水画，中国古典园林成为诗画艺术的载体也肇端于此，园林开始讲究意境的创造，从写实向写意过渡。

▼3. 战争的爆发并没有影响思想文化领域的发展，反而使其变得更加活跃，出现了思想界百家争鸣的现象，它们都在不同程度上对园林的建造产生了影响。佛教传入的隐逸思想使人们对山水自然的理解更进一步，山水园的大力发展也就不足为奇了。

隋唐园林

隋唐时期是中国封建社会发展的极盛时期，显示了"九天阊阖开宫殿，万国衣冠拜冕旒"的大国气概，园林艺术随着经济与文化的进步而臻于全盛的局面。一是皇家园林的气派已经完全形成。不仅表现在园林规模宏大，而且表现在园林布局已用图画设计而成。这一时期出现了像西苑、华清宫、九成宫等具有划时代意义的代表作品，形成了大内御苑、行宫御苑、离宫御苑三种类型。二是唐代私家园林的艺术水平大为提高，着手于刻画园林景物的典型以及局部，小品的细致处理，观赏风光技术有了进步，开始以诗画互修的自觉追求。

三是寺观园林的普及是宗教世俗化的结果，同时寺观不仅在城市兴建，而且遍及于郊野，有"天下名山僧占多"之说。

总之，隋唐园林已建立的完整园林体系，达到了全胜的局面。传统的木构建筑，无论在技术或艺术方面均已趋于成熟，具有完善的梁架制度，斗拱制度以及规范的装修和装饰。正如诗人岑参《与高适薛据登慈恩寺》的描写："塔势如涌出，孤高耸天宫。登临出世界，蹬道盘虚空。突兀压神州，峥嵘如鬼工。"隋唐园林影响着整个世界，它不但发扬了秦汉的大气风度，又在精致的艺术经营上取得了辉煌的成果。

西安华清池
华清池位于西安城东骊山北麓。据文献记载，秦、西汉、北魏、北周、隋代等皇帝先后在这里修建行宫别苑，作为皇家沐浴疗养的场所。

骚山
山峦巍峨，楼阁建筑隐没于
群山之间，山石的雄浑与建
筑的精巧相互辉映。

九成宫
九成宫始建于隋文帝开皇
十三年(593)，是皇帝的离宫，
后于唐太宗贞观五年（631）
修复扩建。

《骊山避暑图》【清】袁江
此画以唐代陕西九成宫为题
材，描绘了宫殿楼阁、丹陛
石阶、重檐层扉的皇家宫苑。

《辋川图》【唐】王维

《辋川图》为王维晚年隐居辋川时所作。画中群山环抱、树林掩映、亭台错落、舟楫过往，描绘出了园居生活的闲情逸致和辋川别业的景色。

敦煌盛唐第 217 窟净土变
（萧默.敦煌建筑研究 [M]）

宋元园林

宋代园林继唐代全盛之后，其园林规模和气魄上不及隋唐，但其精致和文化意蕴胜过以往。这个阶段的主要成就：一是文人园林大为兴盛，具有简远、疏朗、雅致、天然的风格特点，表明私家造园达到成熟境地；二是皇家园林规模不及唐代大，深受文人园林的影响，在设计规划上更精密细致，比起历史上任何一个朝代都最少皇家气派；三是叠石、置石均显示其高超技艺。理水已能够摹拟大自然界全部的水体形象，观赏植物由于园艺技术发达而具有丰富的品种，为成林、丛植、片植、孤植的植物造景提供了余地，通过山、石、水、植物相结合，构成园林地段的空间骨架、园林建筑及其建筑细部；四是文人画理介入造园艺术，以画设景，以景入画，结合诗词楹联，成为园林建造的常用方法，也使中国园林艺术达到了妙极山水的较高境界。

元代蒙古族政权不到一百年的短暂政治，民族矛盾尖锐，造园活动总的来说处于低潮状态，比较有代表性的是元大都和太液池。私家园林中的代表当属苏州狮子林。

《匡庐图》【五代】荆浩

《踏歌图》【宋】马远

《金明池夺标图》【宋】佚名
金明池位于开封城郊，周长约 5
公里。五代时期周世宗为习水战
而开凿金明池，宋太宗时成为城
市公共游赏胜地。

文征明绘拙政园图之片段——小
飞虹
（苏州古典园林 [M]）

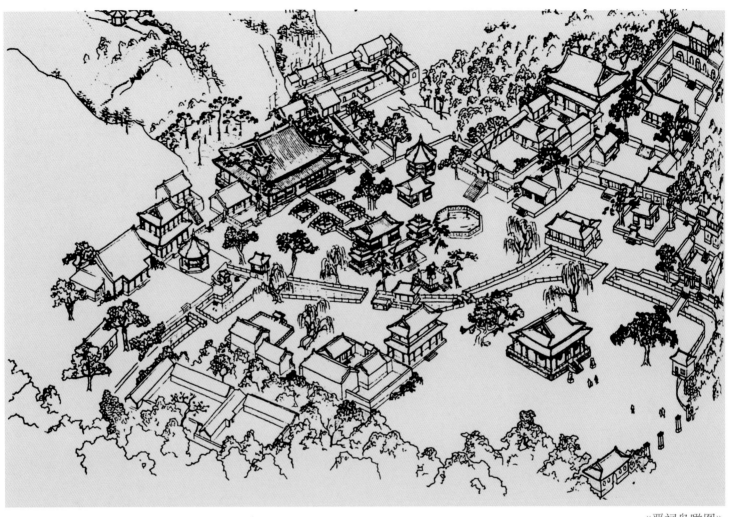

《晋祠鸟瞰图》
（刘敦桢 . 中国古代建筑史 [M]）

《清明上河图》片段【宋】张择端

明清园林

明清两代是中国古典园林的造园高峰时期，明代的宫苑建筑风格继承了宋代山水园林的传统，较为自然古朴，主要集中在北京一带，如著名的大内御苑——西苑。清代皇家园林的创建以康熙、乾隆时期最为活跃，当时社会稳定，经济繁荣，为建造大规模写意自然的园林提供了有利的条件，如圆明园、避暑山庄、畅春园等。私家园林以明代建造的江南园林为主要成就，如苏州沧浪亭、拙政园，扬州影园等等。它们在创作思想上仍然沿袭唐宋时期的创作源泉，从审美观到园林意境创造都以"小中见大""须弥芥子""壶中天地"等为创造手法，引用在有限的范围内追求空间艺术的变化，自然、写意、诗情画意成为创作的主导思想。园林中的建筑起了最重要的作用，成为造景的主要手段。大型园林不但模仿自然山水，而且还集仿多地名胜于一园，形成园中有园，大园套小园的风格。到了清末，造园理论探索停滞不前，受西方文化影响，园林创作从全盛迅速衰弱。明清时期的园林艺术成就主要表现在：

一是造园理论技法的总结。明代计成的《园冶》是中国古代造园专著，也是中国第一部园林艺术理论专著。此外，如明代文震亨的《长物志》、清代李渔的《一家言》中也有关于造园理论及技术的内容。

二是园林技术方面，匠师的技术成就偶见于民间文字流传，如《鲁班经》，同时专业工匠分工明确，造园名家辈出，造园工匠继起，米万钟，计成，张涟，张然父子，李渔等。

三是民间私家园林一直得到上下代传承，形成江南、北方、岭南三大地方风格鼎峙的局面，皇家和私家园居的"娱于园"的倾向显著。

四是外来因素的吸收。中国与欧亚多国交往以后，即不断吸收外来的建筑因素（如塔）。自明清以后，与国外的交往更为密切，西方音乐、美术、建筑风格等都传入中国。最有名的圆明园中的海晏堂、线法山、谐奇趣、万花阵等，被称为西洋楼，其建筑特点是将欧洲当时盛行的巴洛克建筑艺术与传统手法相结合。

五是集景式园林得到很好发展。大型园林以集锦式将各地名景搬入园林，集天下名胜之大成。如北京圆明园，颐和园，承德避暑山庄，扬州瘦西湖等。

六是园林技术和艺术达到造园艺术的顶峰。

中国古典园林经过数千年的发展，形成本于自然，高于自然，建筑美与自然美的融糅，诗画的情趣，意境的涵蕴等特点，这些是中国古典园林在世界上独树一帜的主要标志。展望未来，古典园林仍然深深地融入新的园林体系之中，并不断发扬光大，并对今后中国园林乃至世界园林的发展作出新的贡献。

《东园图》【明】文征明

东园是明代开国元勋中山王徐达的府第，位于南京钟山东凤凰台下。园内建筑恢宏，景色秀丽，徐氏后人常在园中聚集文人名流游宴嬉戏。

退思园

光绪年间安徽兵备道任兰生致仕回乡后所建的宅院。

《小盘古》（图卷）

《五亭桥图》 （扇页）

参考文献
1. 周维权 . 中国古典园林史 [M]. 北京：中国建筑工业出版社，2008 年 .
2. 刘敦帧 . 中国古代建筑史 [M]. 北京：中国建筑工业出版社，1981 年 .

传统建筑类

涟水法华寺
The Fahua Temple, Lianshui
· 寺庙

1

　　法华寺是采用中国传统的佛教寺院的规划设计手法，建筑风格采用仿照清式，主体结构采用钢筋混凝土结构，内外装修采用当地的传统做法。

项目地址：江苏淮安

主设计师：梁宝富　刘德林　张晓佳　李琪　张敏

设计时间：2011 年

设计阶段：方案及部分施工图设计

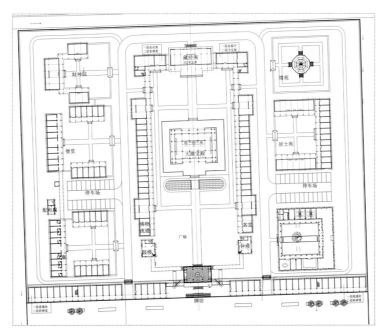

总平面图

法华寺鸟瞰图

山门殿效果图

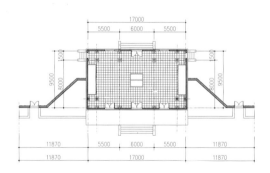

山门殿平面图

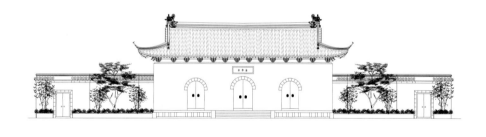

山门殿立面图

实景照片

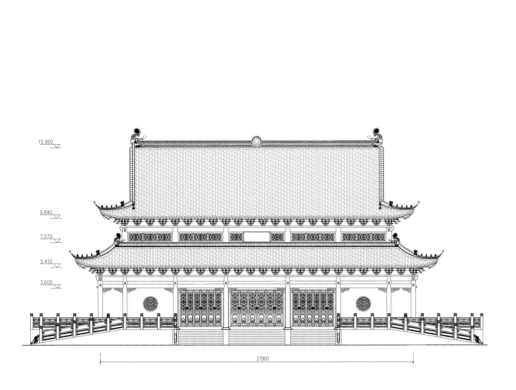

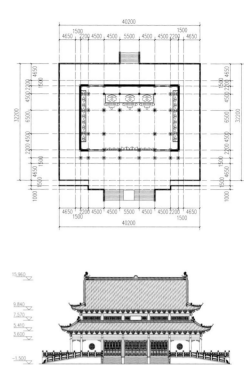

大雄宝殿立面图　　　　　　　　　　大雄宝殿平 / 剖面图

大雄宝殿效果图

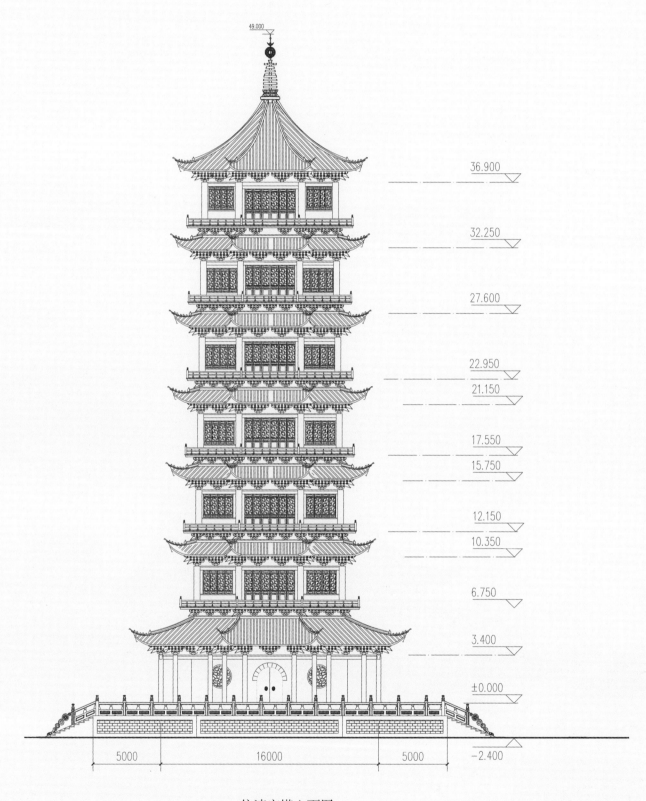

49.000

36.900

32.250

27.600

22.950

21.150

17.550

15.750

12.150

10.350

6.750

3.400

±0.000

−2.400

5000　　　16000　　　5000

仿清宝塔立面图

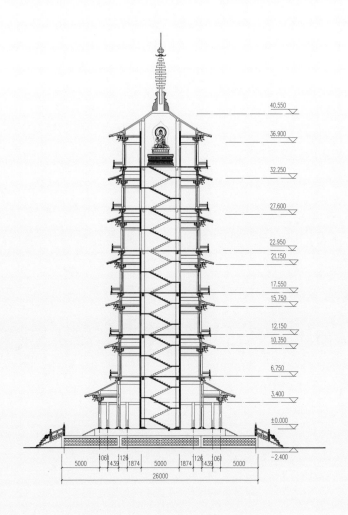

| 40.550 |
| 36.900 |
| 32.250 |
| 27.600 |
| 22.950 |
| 21.150 |
| 17.550 |
| 15.750 |
| 12.150 |
| 10.350 |
| 6.750 |
| 3.400 |
| ±0.000 |
| -2.400 |

| 5000 | 1061 | 126 | 1874 | 5000 | 1874 | 126 | 1439 | 1061 | 5000 |

26000

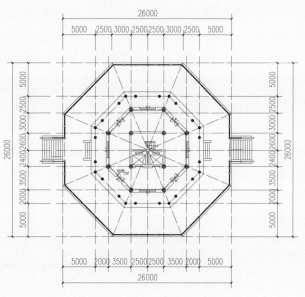

26000

| 5000 | 2500 | 3000 | 2500 | 2500 | 3000 | 2500 | 5000 |

| 5000 | 2000 | 3500 | 2400 | 2600 | 3000 | 2500 | 5000 |

| 5000 | 2000 | 3500 | 2500 | 2500 | 3500 | 2000 | 5000 |

26000

仿清宝塔剖面 / 平面图

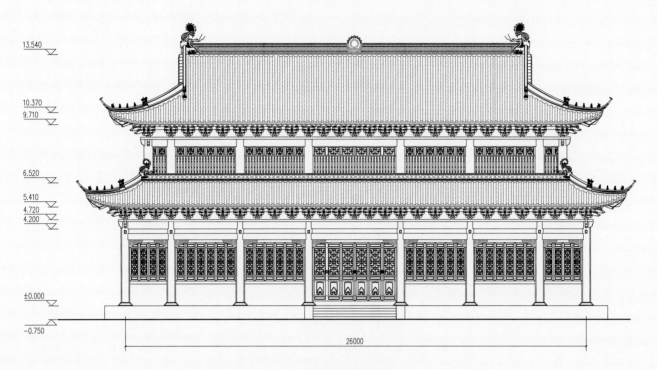

13.540

10.370
9.710

6.520

5.410
4.720
4.200

±0.000

−0.750

26000

藏经楼立面图

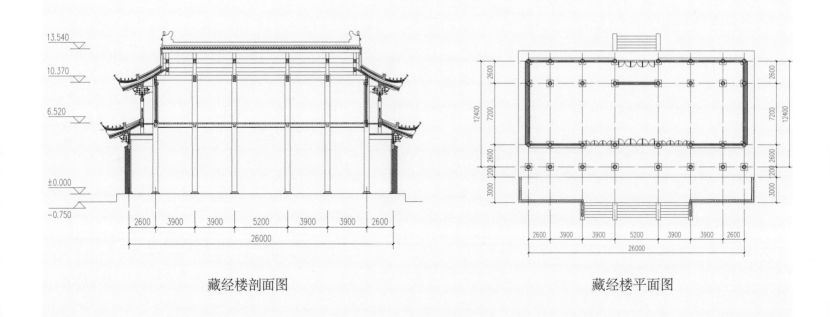

13.540

10.370

6.520

±0.000

−0.750

2600 3900 3900 5200 3900 3900 2600

26000

藏经楼剖面图

2600

12400 7200

2600 200

3000 200

2600 3900 3900 5200 3900 3900 2600

26000

2600

7200 12400

2600 200

3000 200

藏经楼平面图

广元雪峰寺

The Xuefeng Temple, Guangyuan

·寺庙

2

广元雪峰寺自 2005 年始进行方案设计，并经历了木结构和混凝土结构的选用多轮讨论，最终确定采用钢筋混凝土结构。内外装修采用广元当地的传统手法。

项目地址：四川广元

主设计师：梁宝富 兰涛 张晓佳 蔡伟胜 刘德林 王珍珍 王欢

设计时间：2005 年始

设计阶段：方案及施工图设计

其身与物为春 东北与凉为秋 为晦与明 为之作光谷抱之 未生於离生九辰 之塞织於原土 手星之引好於 己六

雪峰寺鸟瞰图

55.700

49.100

46.100

42.300

39.300

35.500

32.500

28.700

25.700

21.900

18.900

15.100

12.100

8.300

4.500

±0.000

-2.100

| 7029 | 9941 | 7029 |

24000

宋塔立面图（混凝土结构）

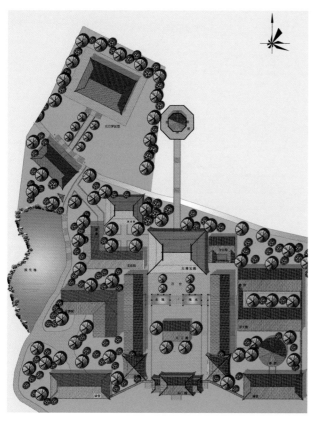

雪峰寺总平面图

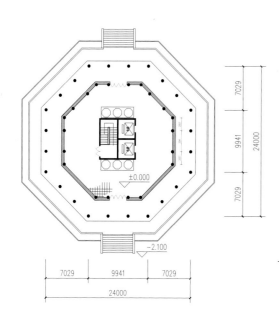

宋塔平面图（混凝土结构）

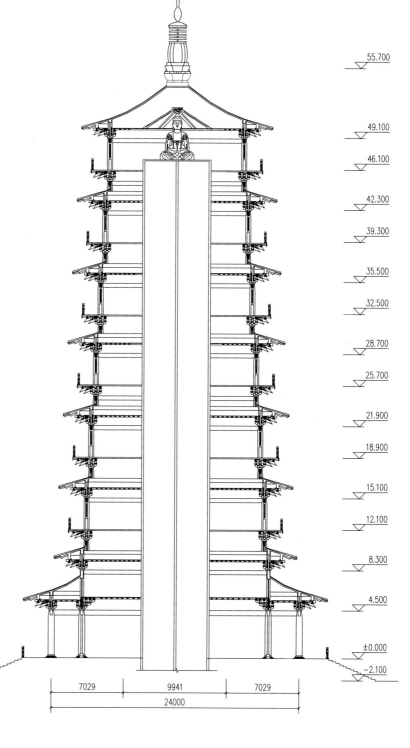

宋塔剖面图（混凝土结构）

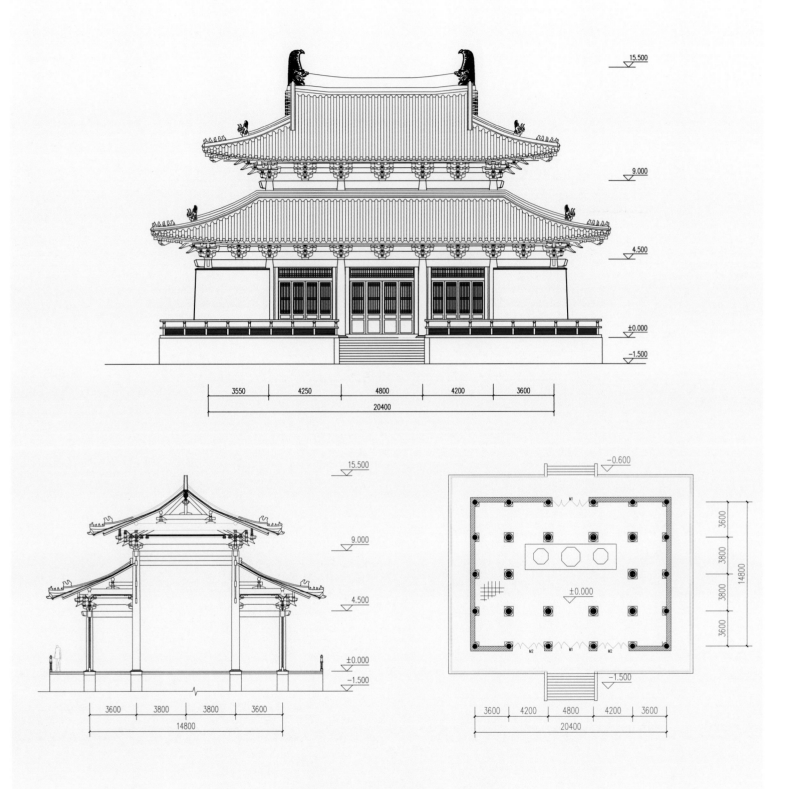

大雄宝殿（木结构方案）平立剖图

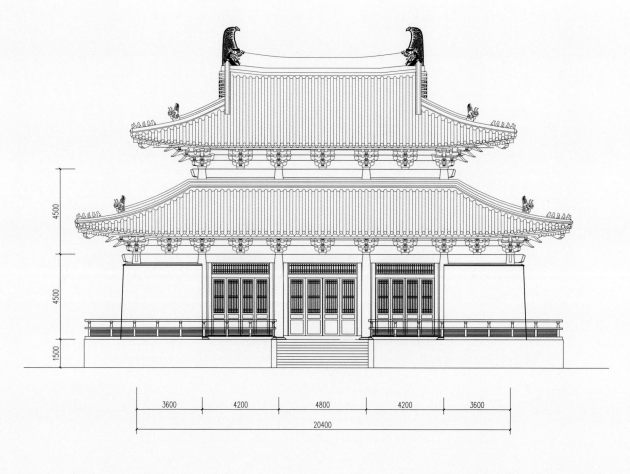

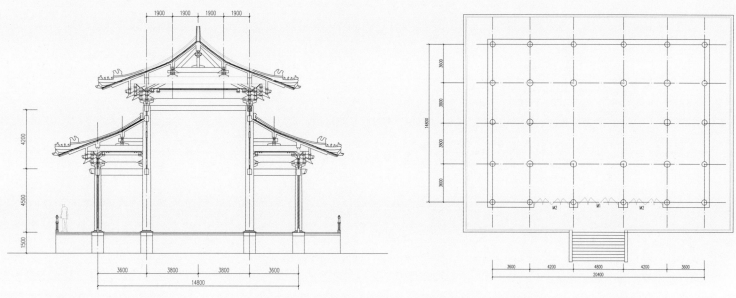

大雄宝殿（混凝土结构方案）平立剖图

实景照片

3 广东增城百花寺

The Baihua Temple, Zengcheng

·寺庙

本案例是广东增城百花寺中轴线的概念设计方案。主要依据 2015 年 4 月 22 日由耀智大和尚组织的天津、山东寺庙考察后讨论的结果而绘制的概念设计。整个轴线采用唐代风格，除大殿、山门殿为木结构，其他建筑为钢筋混凝土仿木结构。

项目地点：广东增城

主设计师：梁宝富　蔡伟胜　王亚军

设计时间：2015 年

增城百花寺鸟瞰图

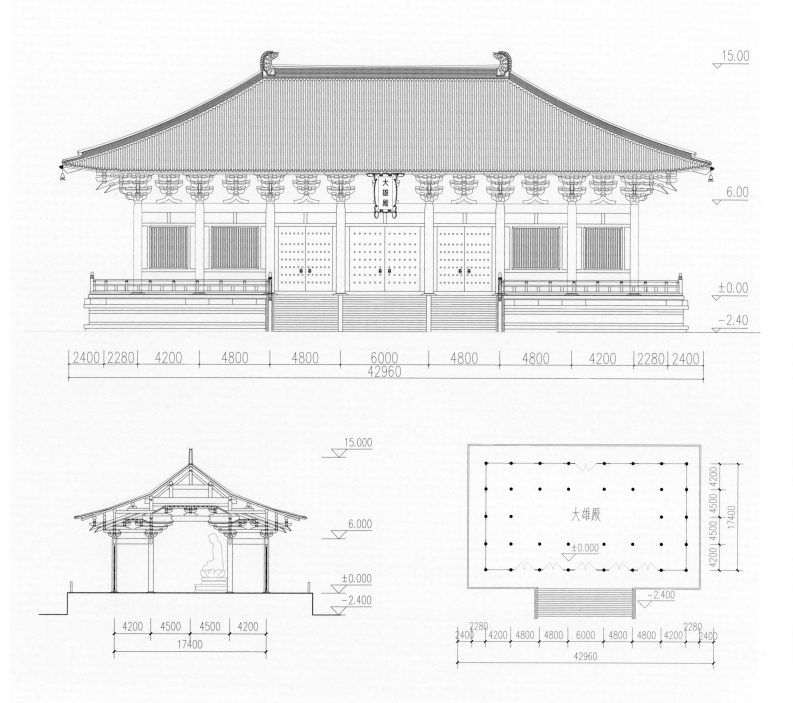

大雄殿

2400 2280 4200 4800 4800 6000 4800 4800 4200 2280 2400
42960

15.000
6.000
±0.000
-2.400

4200 4500 4500 4200
17400

4200 4500 4500 4200 17400

大雄殿
±0.000
-2.400

2280 2280
2400 4200 4800 4800 6000 4800 4800 4200 2400
42960

百花寺大雄宝殿平立剖面图（唐代木结构）

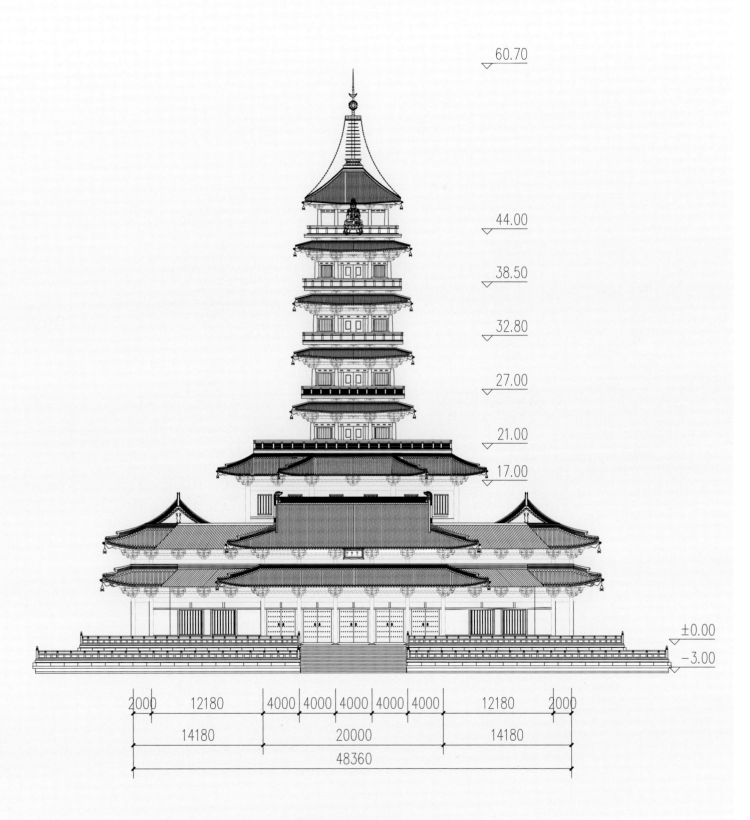

60.70

44.00

38.50

32.80

27.00

21.00

17.00

±0.00

−3.00

| 2000 | 12180 | 4000 | 4000 | 4000 | 4000 | 4000 | 12180 | 2000 |

14180

20000

14180

48360

百花寺唐塔立面图（混凝土结构）

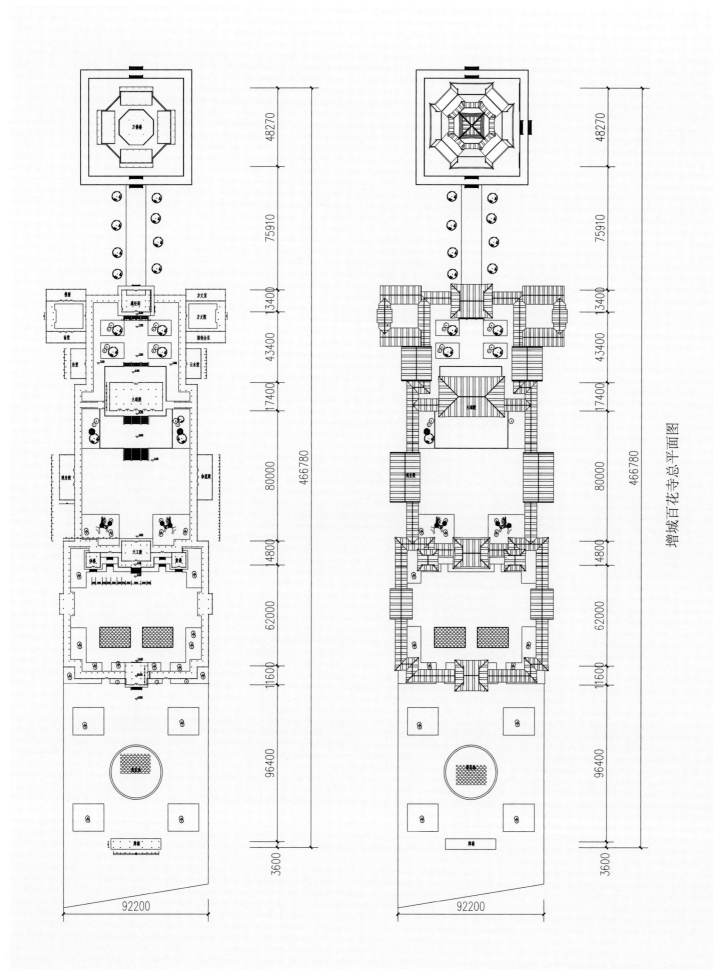

增城百花寺总平面图

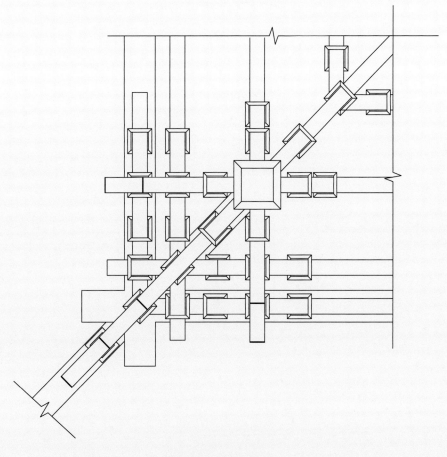

转角铺作平面图

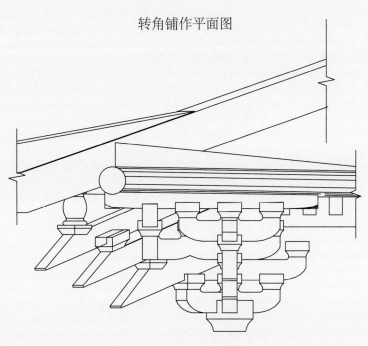

转角铺作立面图

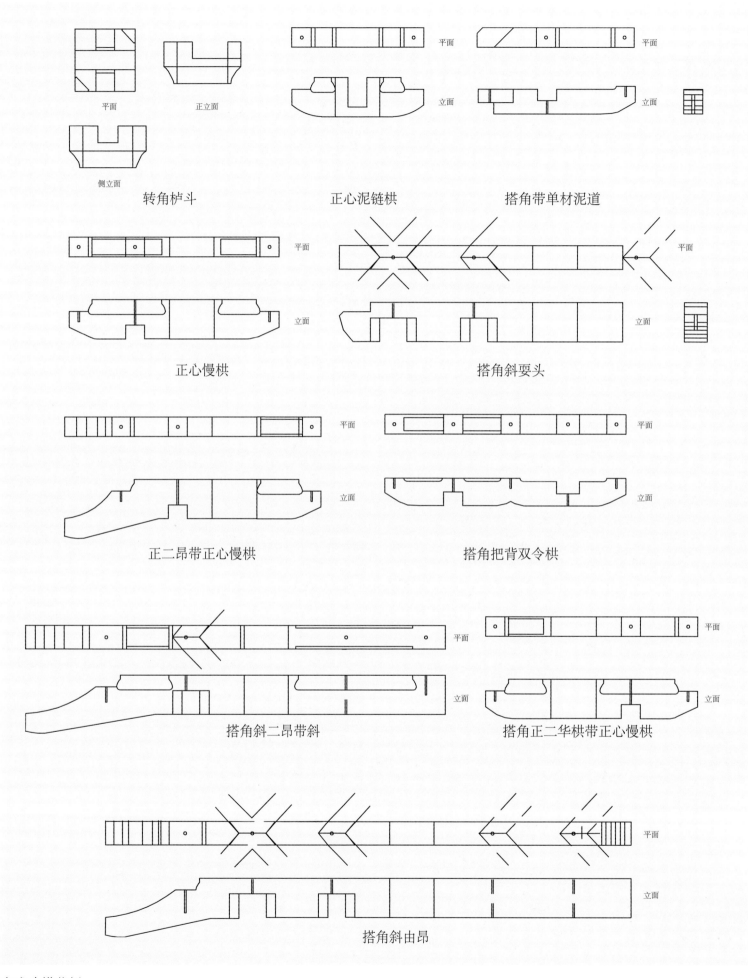

平面　　　正立面　　　　　　　　正心泥链栱　　　　　搭角带单材泥道

侧立面

转角栌斗

正心慢栱　　　　　　　　　搭角斜耍头

正二昂带正心慢栱　　　　　搭角把背双令栱

搭角斜二昂带斜　　　　　　搭角正二华栱带正心慢栱

搭角斜由昂

唐式斗栱范例

涟水能仁寺

The Nengren Temple, Lianshui

·寺庙

4

　　涟水能仁寺，为纪念证因大师在涟水县人民政府的关心下决定承建证因大师纪念堂，按照现任方丈曙正大和尚的要求以唐代风格进行规划设计，本方案注重于能仁寺现有建筑的协调，采用了仿唐混凝土结构的建筑。纪念堂面阔五间（通面阔 19.1 米），进深五椽（通进深 13.6 米），屋顶采用庑殿顶，总建筑面积为 259.76 平方米，建筑基底面积 344 平方米，建筑高度 11.21 米。

项目地址：江苏淮安

主设计师：梁宝富　张晓佳　刘德林　张敏

设计时间：2011 年

设计阶段：方案及施工图设计

纪念堂侧立面图

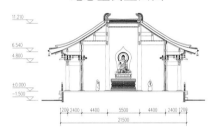

纪念堂剖面图

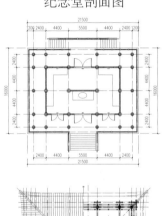

纪念堂底层/屋顶平面图

能仁寺鸟瞰图

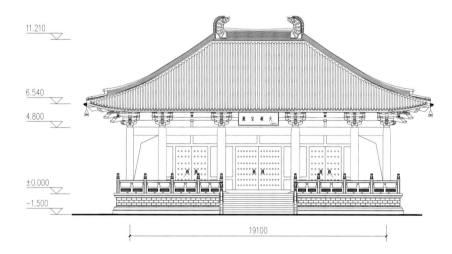

纪念堂正立面图

扬州文峰寺

The Wenfeng Temple, Yangzhou

·寺庙

5

扬州文峰寺于 2000 年经政府批准正式对外开放，现存建筑为明代建筑，为江苏省文物保护单位。规划设计面积占地 30 亩，规划设计继承传统寺庙的规划手法，同时满足现代寺庙的功能需求。整个寺庙建筑按照明代形制。

项目地点：江苏扬州

本图设计人员：梁宝富 宋桂杰 高燕

设计时间：2009 年

设计阶段：初步规划方案

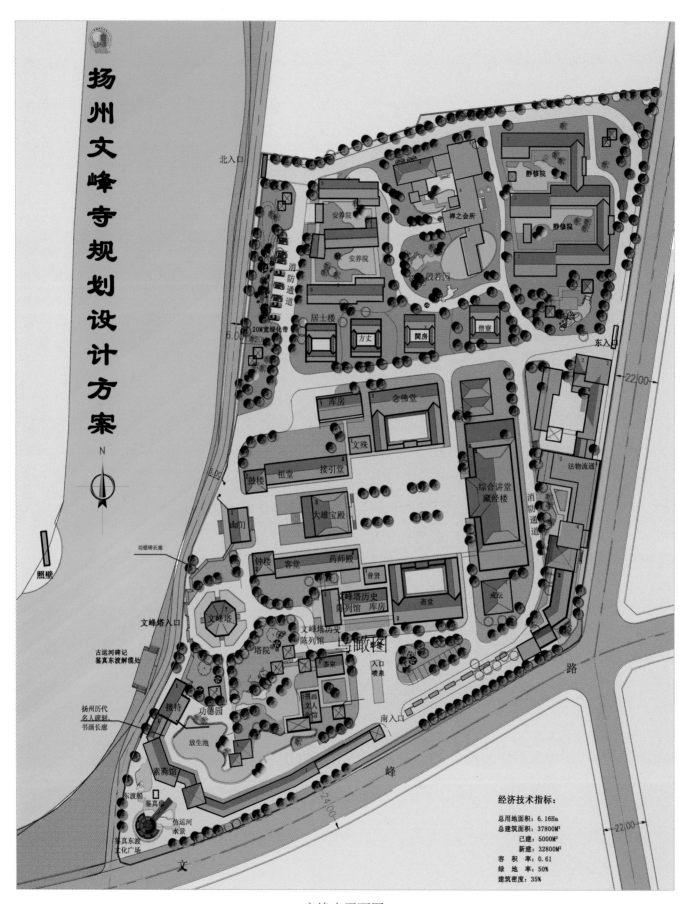

扬州文峰寺规划设计方案

N

北入口

消防通道

20M宽绿化带
6.00 20

照壁

安养院

安养院

居士楼

方丈

阌房

僧寮

禅之会所

静修院

静修院

般若园

东入口

22.00

库房

念佛堂

文殊

法物流通

祖堂

接引堂

综合讲堂
藏经楼

消防通道

鼓楼

山门

大雄宝殿

普贤

功德碑长廊

钟楼

客堂

药师殿

鸟瞰图

文峰塔入口

文峰塔

文峰塔历史
陈列馆 库房

斋堂

戒坛

古运河碑记
鉴真东渡解缆处

塔院

文峰塔历史
陈列馆

扬州历代
名人碑刻、
书画长廊

接待

功德园

书画文人馆

入口
喷泉

南入口

放生池

素斋馆

东渡船

鉴真像

峰

24.00

古运河
水景

鉴真东渡
文化广场

文

路

22.00

经济技术指标:

总用地面积: 6.16Ha
总建筑面积: 37800M²
已建: 5000M²
新建: 32800M²
容积率: 0.61
绿地率: 50%
建筑密度: 35%

文峰寺平面图

实景照片（由扬州文峰寺提供）

6 汕头石泉岩
The Shiquan Yan, Shantou
·寺庙

　　项目位于广东省汕头市潮阳区，本方案的规划力求为该寺庙建立中轴线，观音殿的设计全部采用清代大式木结构。

设计单位：江苏华建股份有限公司设计院

顾问单位：扬州意匠轩园林古建筑设计研究院

主设计师：梁宝富　蔡伟胜　梁安邦　李琪　刘德林　张敏

设计时间：2013 年

设计阶段：规划方案及观音殿施工图设计

观音庙鸟瞰图

观音殿效果图方案一

观音殿效果图方案二

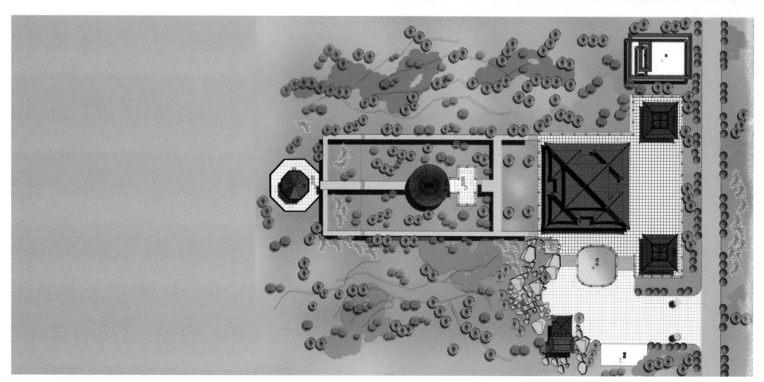

观音殿总平面图

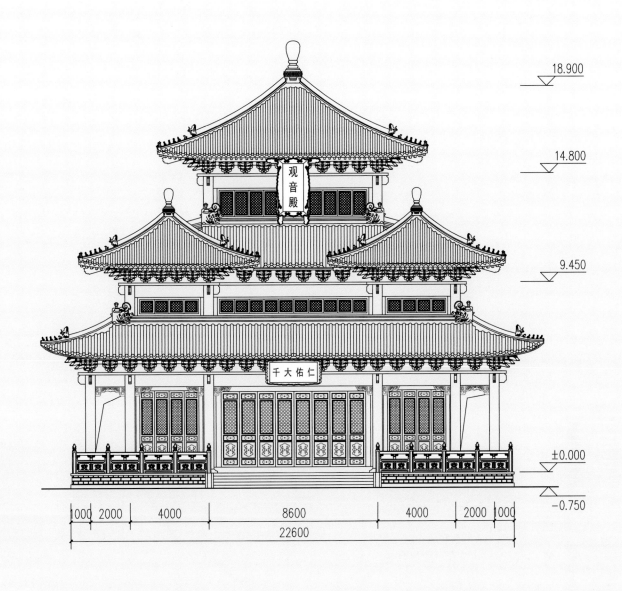

18.900

14.800

观
音
殿

9.450

千大佑仁

±0.000

−0.750

1000 2000 4000 8600 4000 2000 1000

22600

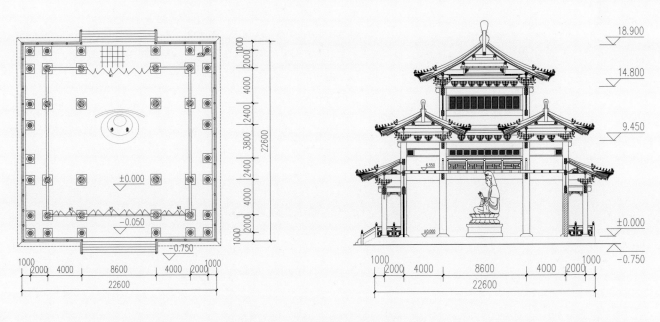

观音殿平立剖面图（清式木结构）

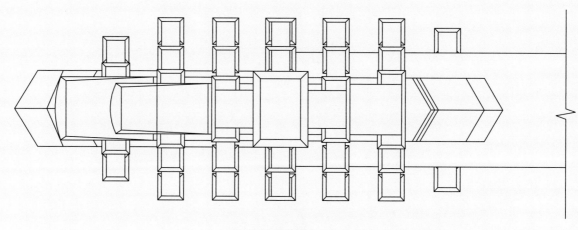

柱头科仰视图

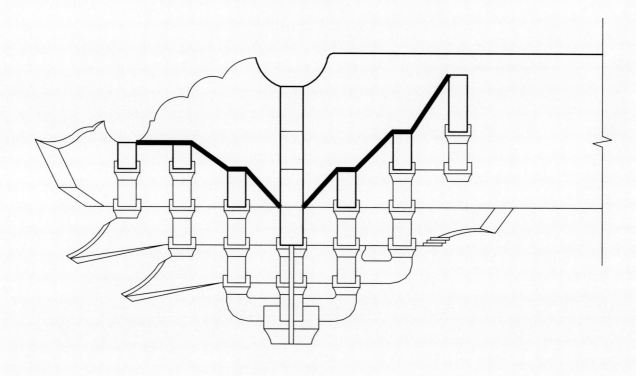

柱头科剖面图

清式斗栱范例

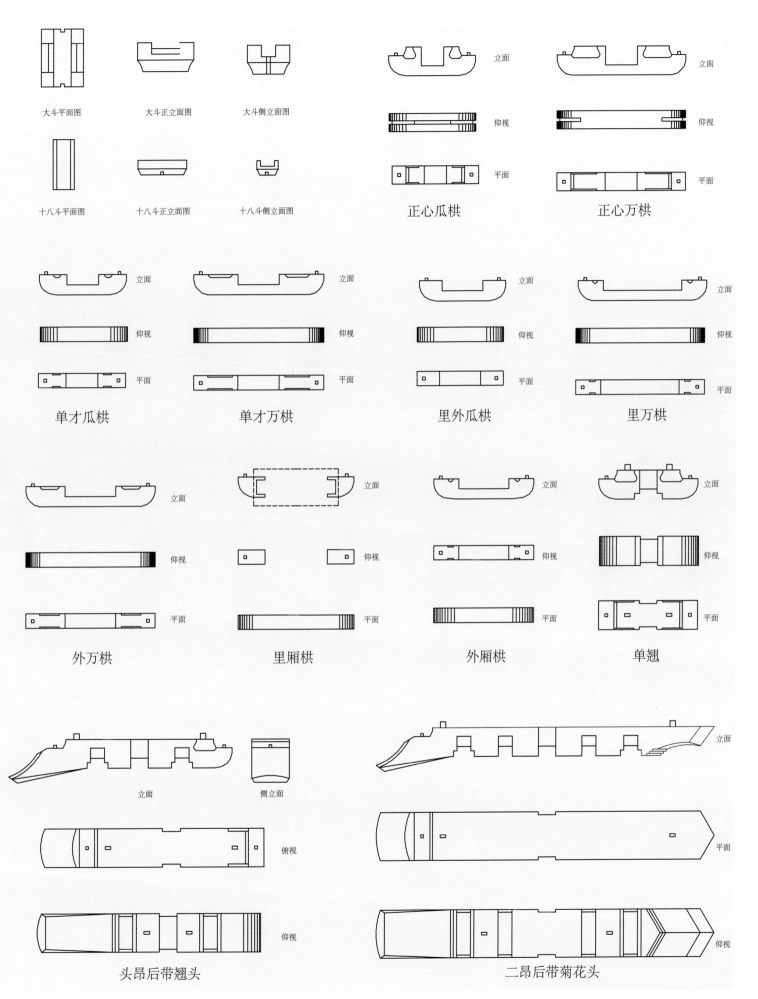

大斗平面图　　　　　大斗正立面图　　　　　大斗侧立面图

立面　　　　　　　　立面

仰视　　　　　　　　仰视

平面　　　　　　　　平面

十八斗平面图　　　　十八斗正立面图　　　　十八斗侧立面图

正心瓜栱　　　　　　　正心万栱

立面　　　　　立面　　　　　立面　　　　　立面

仰视　　　　　仰视　　　　　仰视　　　　　仰视

平面　　　　　平面　　　　　平面　　　　　平面

单才瓜栱　　　　单才万栱　　　　里外瓜栱　　　　里万栱

立面　　　　　立面　　　　　立面　　　　　立面

仰视　　　　　仰视　　　　　仰视　　　　　仰视

平面　　　　　平面　　　　　平面　　　　　平面

外万栱　　　　　里厢栱　　　　　外厢栱　　　　　单翘

立面　　　　侧立面　　　　　　　　　立面

俯视　　　　　　　　　　　　　平面

仰视　　　　　　　　　　　　仰视

头昂后带翘头　　　　　　　　二昂后带菊花头

清式斗栱范例

49　　-传统建筑类-

7

兴化东岳庙

The Dongyue Temple, Xinghua

· 寺庙

兴化东岳庙复原工程全部采用仿清代样式的混凝土结构，在建筑细部设计上总结收集了地方风格与习惯做法，该工程被评为"2013年度中国风景园林学会优秀古建筑金奖"。

本图设计人员：梁宝富　张晓佳　刘德林　项华珺　王珍珍　王欢　张敏

设计时间：2009年

兴化东岳庙鸟瞰图

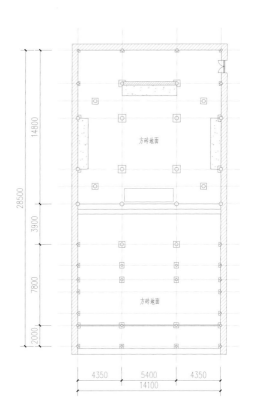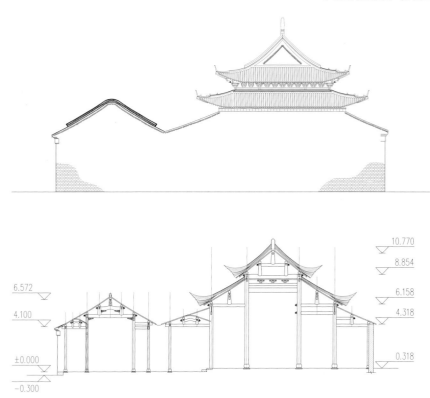

兴化东岳庙大雄宝殿平立剖面图

兴化东岳庙总平面图

兴化东岳庙实景照片

兴化宝严寺

The Baoyan Temple, Xinghua

·寺庙

8

　　兴化宝严寺位于兴化市古城西城大街，始建于唐朝大圣元年，现存建筑为清代。本次设计主要内容：南广场，院内景观，牌楼，山门殿，厢房以及大雄宝殿落架大修及地面标高升起。新建建筑为钢筋混凝土仿清风格。

　　主设计师：梁宝富　张晓佳　刘德林　王欢　王珍珍　张敏

　　设计时间：2010 年

　　设计阶段：方案及施工图设计

兴化宝严寺山门殿效果图

天王殿实景照片

牌坊实景照片

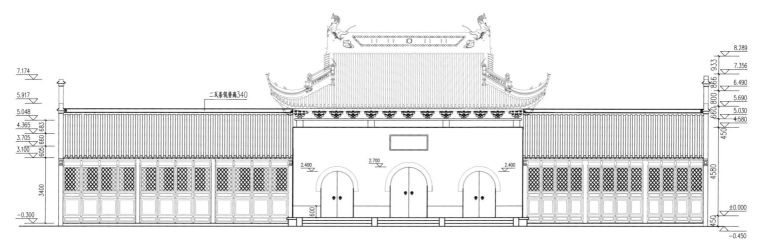

兴化宝严寺山门殿立面图

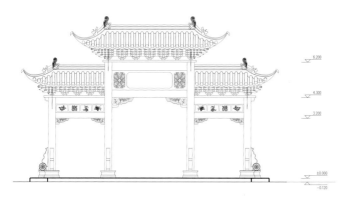

牌楼立面图

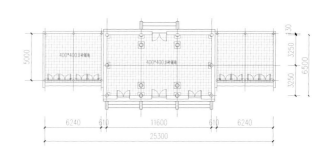

兴化宝严寺山门殿平面图

大雄宝殿实景照片

大雄宝殿施工实景照片

广州大佛寺

9

The Dafo Temple, Guangzhou

· 寺庙

广州大佛寺始建于南汉，是岭南著名的佛教古刹。大雄宝殿是广东省文物保护单位，文化中心大楼采用钢筋混凝土仿清代结构，建筑内外装修均参照本寺大雄宝殿的元素。建成后整个寺院风貌协调，建筑气势雄伟壮观。

设计单位：广州承总建筑设计院

顾问单位：扬州意匠轩园林古建筑设计研究院

方案设计：冯杰

总 策 划：耀智

建筑外观设计：梁宝富 蔡伟胜 刘德林

设计时间：2012 年

大佛寺鸟瞰图

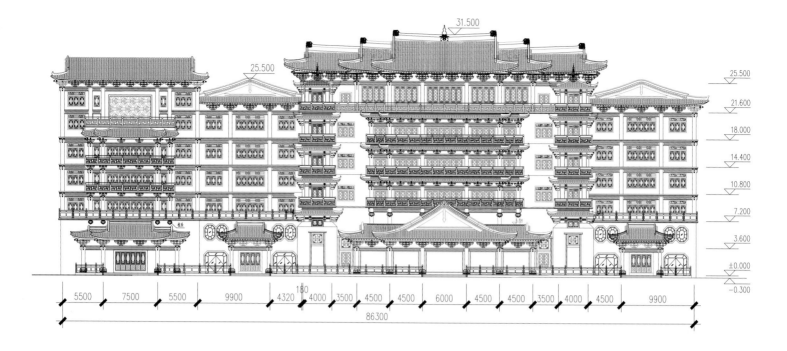

大佛寺综合楼正立面图

大佛寺效果图

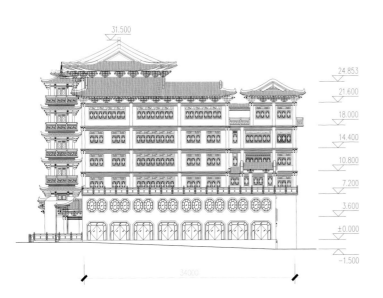

31.500

24.853
21.600
18.000
14.400
10.800
7.200
3.600
±0.000
−1.500

34000

大佛寺综合楼侧立面图

大佛寺实景照片

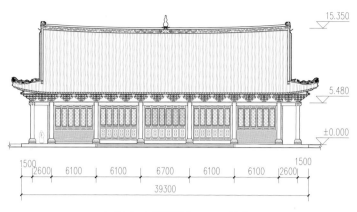

大佛寺大殿测绘正立面图

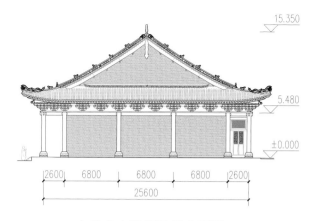

大佛寺大殿测绘侧立面图

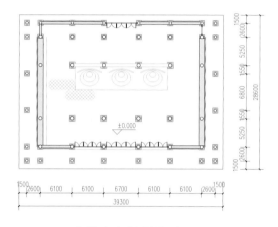

大佛寺大殿测绘平面图

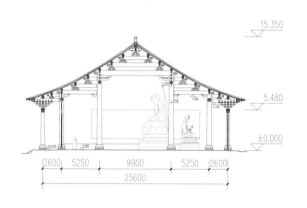

大佛寺大殿测绘剖面图

大佛寺实景照片

报本寺
The Baoben Temple
· 寺庙

报本寺位于兴化市张郭镇，整个寺庙规划面积占地 80 余亩，目前建成的大雄宝殿总建筑面积为 2800 平方米，其中大殿主体结构为木结构三重檐，面积 1090 平方米，建筑全高 22.6 米，建筑设计风格为清代官式大木构架，与当地的建筑风格相结合。

设计单位：扬州大学设计研究院

顾问单位：扬州意匠轩园林古建筑设计研究院

设计主持人：梁宝富

主设计师：宋桂杰 李琪 高燕

报本寺大雄宝殿实景照片

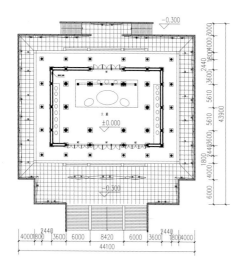

报本寺大雄宝殿平面图

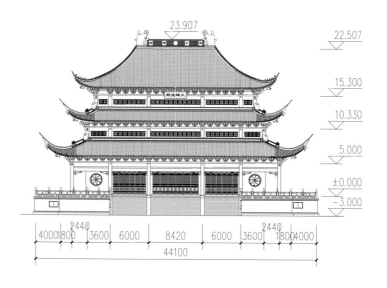

报本寺大雄宝殿正立面图

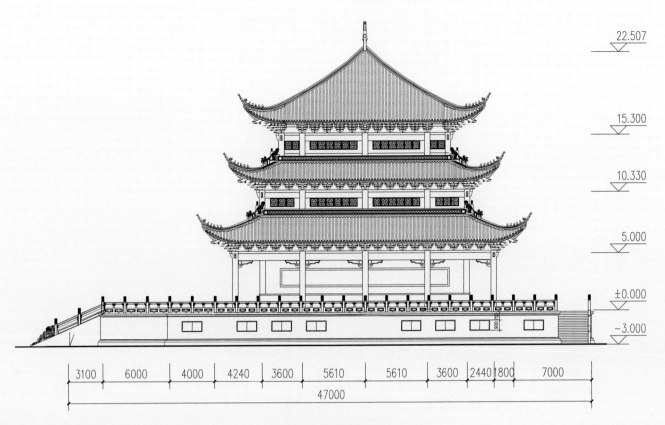

22.507

15.300

10.330

5.000

±0.000

−3.000

| 3100 | 6000 | 4000 | 4240 | 3600 | 5610 | 5610 | 3600 | 2440 | 1800 | 7000 |

47000

报本寺大雄宝殿侧立面图

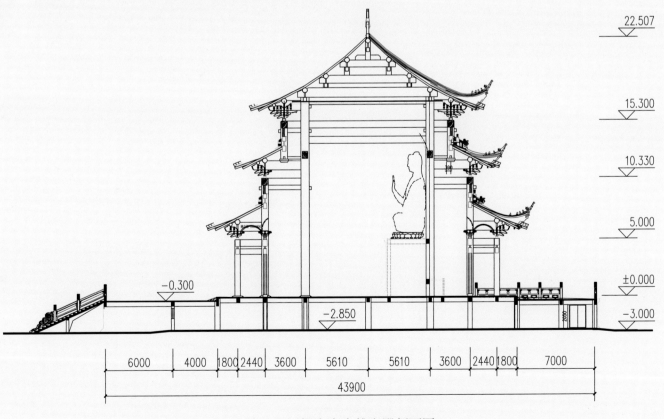

22.507

15.300

10.330

5.000

−0.300

±0.000

−2.850

−3.000

| 6000 | 4000 | 1800 | 2440 | 3600 | 5610 | 5610 | 3600 | 2440 | 1800 | 7000 |

43900

报本寺大雄宝殿剖面图

深圳饮食文化城

11

The Dietetic Culture Town, Shenzhen

· 公共建筑

深圳饮食文化城位于深圳市布吉镇，受深圳市大贸股份有限公司董事长谢从成先生邀请委托，对主体已经建成的仿宋组团、仿元组团以及在建的仿清组团的建筑外观调整设计。

设计人员：梁宝富 马文浩 吴丽云

设计时间：2005 年

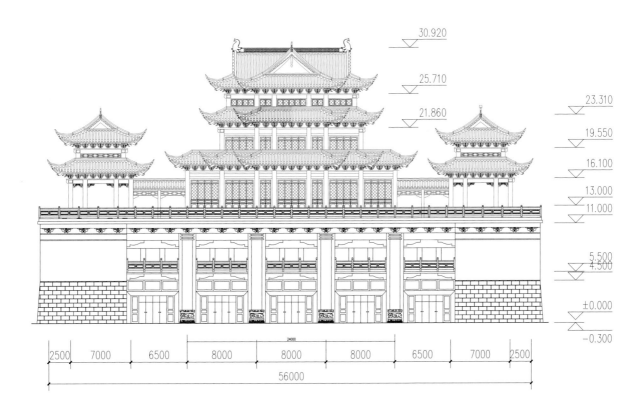

30.920

25.710

23.310

21.860

19.550

16.100

13.000
11.000

5.500
4.500

±0.000

-0.300

| 2500 | 7000 | 6500 | 8000 | 8000 | 8000 | 6500 | 7000 | 2500 |

24000

56000

饮食文化城正立面图

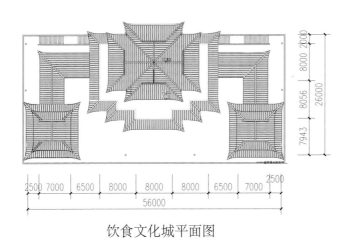

饮食文化城平面图

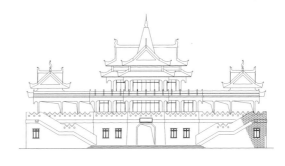

饮食文化城修改前正立面图
(由深圳市大贸股份有限公司提供)

实景照片

12 南昌万达主题乐园

The Wanda Land, Nanchang

• 公共建筑

南昌万达主题乐园整体方案由加拿大 FORREC 公司设计，由同济大学设计研究院负责扩初及施工图设计。受业主及同济大学的委托，我院对其建筑外观进行设计。

主要设计人员：梁宝富　蔡伟胜　刘德林　吴海波　王亚军

设计时间：2014 年

万达主题公园鸟瞰（由万达集团提供）

万达主题公园入口门廊照片

万达主题公园入口门廊效果图

万达主题公园入口门廊立面图

邵伯巡检司

The Xunjian Si, Shaobo

·公共建筑

13

巡检司位于邵伯古镇中大街内，毗邻邵伯古运河，始设于明洪武元年（1365年），两路三进，传统清式木结构，占地面积约950平方米。项目主要对其结构木构架、内外装修、地面铺砖、墙体等部位进行修缮及复原设计，力求恢复原有历史风貌。

项目地址：江苏扬州

主设计师：梁宝富　刘德林　王亚军　梁安邦　张敏

设计时间：2014年

设计阶段：方案及施工图设计

巡检司鸟瞰图

巡检司效果图

巡检司实景照片

14

深圳沙湾祠堂

The Shanwan Ancestral Temple, Shenzhen

· 公共建筑

本项目受深圳万科的委托,对深圳沙湾祠堂进行设计。该祠堂坐北朝南,面阔14米,纵深20米,该祠堂为四柱三间的砖石结构形式,是奉祀列祖的家祠。建筑方案设计采用沙湾当地建筑风格以及祠堂布局习俗。

项目地址:广东深圳

主设计师:梁宝富 刘德林

设计时间:2011 年

设计阶段:方案

沙湾祠堂鸟瞰图

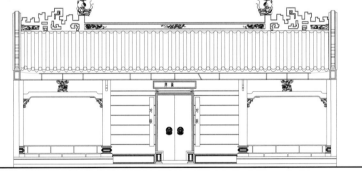

沙湾祠堂正立面图

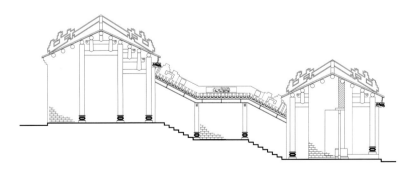

沙湾祠堂剖面图

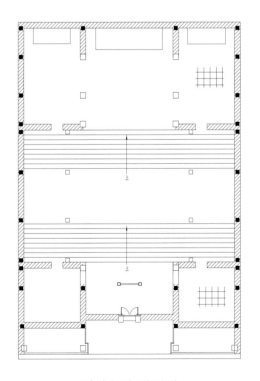

沙湾祠堂平面图

15

汕头黄氏祠堂

The Huang's Ancestral Temple, Shantou

· 公共建筑

　　黄氏祠堂是汕头黄松辉先生庄园内的家庙，位于庄园中央。建筑设计按照潮汕地区的建筑形制与风格，采用木石结构。

　　主要设计人员：梁宝富　刘德林

　　设计时间：2013 年

　　设计阶段：方案及扩初设计

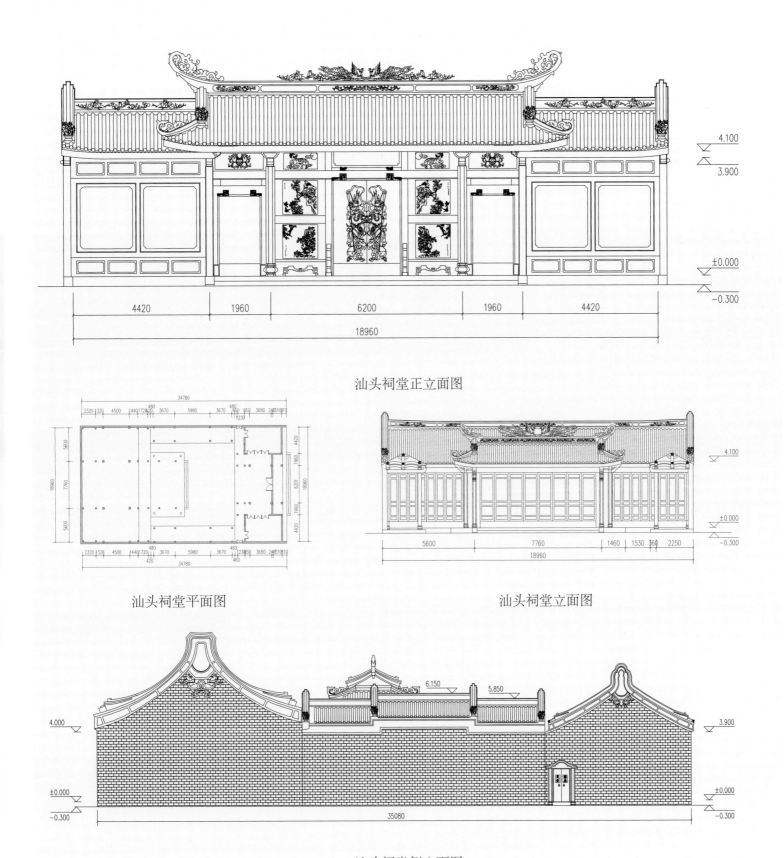

汕头祠堂正立面图

汕头祠堂平面图

汕头祠堂立面图

汕头祠堂侧立面图

16

通江门亭桥
The Tongjiangmen Bridge
·公共建筑

通江门亭桥位于扬州南门街，本次主要设计内容为楼阁以及桥的外观。上部结构采用传统木结构构架，整个建筑风格按照扬州地方的明清风貌。

建设单位：扬州市涵闸管理处

设计单位：扬州大学建筑设计研究院

顾问单位：扬州意匠轩园林古建筑设计研究院

项目主持人：梁宝富

主设计师：宋桂杰 李琪

设计时间：2011 年

通江门桥实景照片
（胡玉提供）

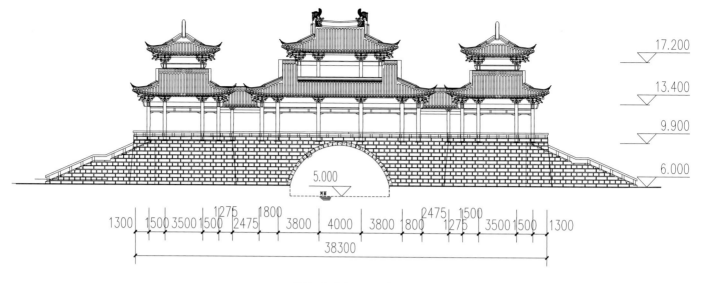

通江门桥正立面图

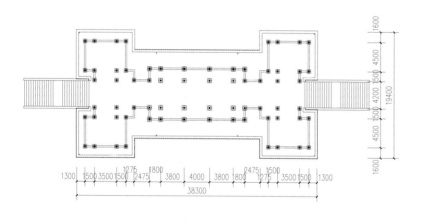

通江门桥平面图

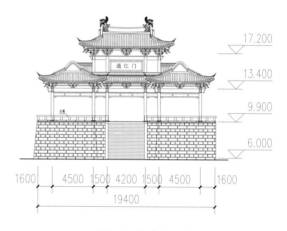

通江门桥侧面图

通江门桥实景照片

万福桥

The Wanfu Bridge

17

· 公共建筑

    扬州新万福桥桥头堡工程，位于中心城区与江都区的快速主干道新万福路上，跨越廖家沟，是扬州今年重大城建项目之一。该项目桥头堡建筑风格为仿宋式十字歇山顶，建筑高度约 90 米，主体采用框架钢筋砼结构，外立面包装采用宋代仿木结构形制，斗栱采用宋式二等材，并使用新型的 GRC 防火材料。

总设计单位：上海林同炎·李国豪土建工程咨询有限公司

楼阁设计单位：江苏华建股份有限公司设计院

楼阁顾问单位：扬州意匠轩园林古建筑设计研究院

主要设计人员：梁宝富　蔡伟胜　梁安邦

设计时间：2014 年

设计阶段：扩初方案及施工图设计

福禄寿

万福桥鸟瞰图（由扬州万福投资发展有限责任公司提供）

万福桥桥头效果图

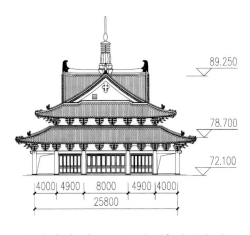

万福桥桥头正立面图（宋式混凝土）

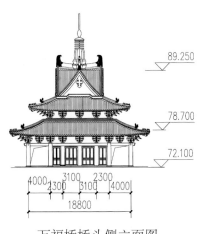

万福桥桥头侧立面图

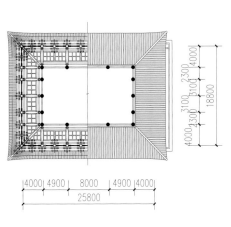

万福桥桥头平面图

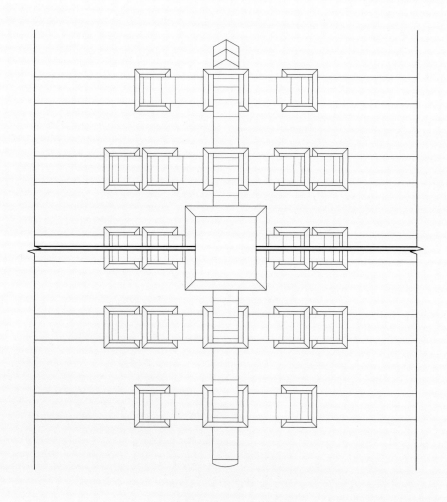

五铺作（补间）平面

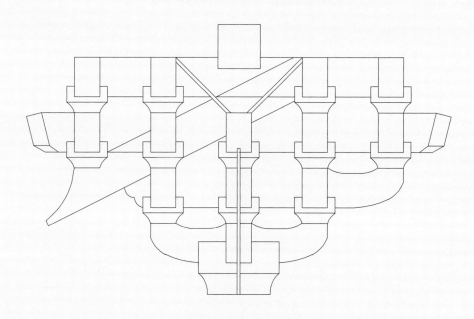

五铺作（补间）剖面

宋式斗栱范例（GRC 材质）

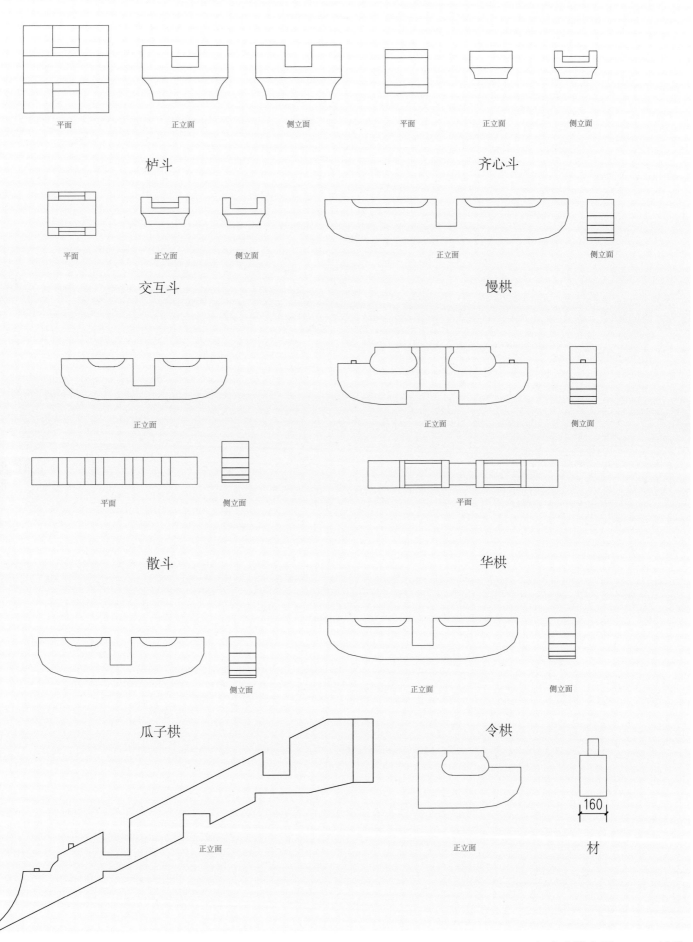

平面 　 正立面 　 側立面 　 平面 　 正立面 　 側立面

栌斗 　 齐心斗

平面 　 正立面 　 側立面 　 正立面 　 側立面

交互斗 　 慢栱

正立面 　 正立面 　 側立面

平面 　 側立面 　 平面

散斗 　 华栱

側立面 　 正立面 　 側立面

瓜子栱 　 令栱

160

正立面 　 正立面 　 材

18

邵伯镇行政中心
The Gate of Shaobo Government
· 公共建筑

设计人员：梁宝富 刘德林 吴海波
设计时间：2014 年

门楼效果图

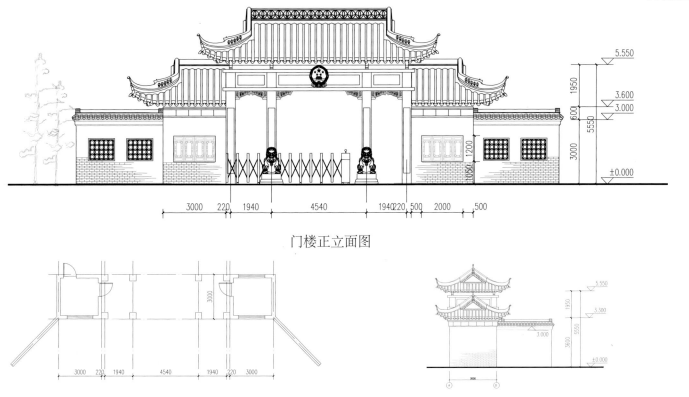

门楼正立面图

门楼平面图   门楼侧立面图

19

牌坊
Memorial Arch
· 古典园林

设计人员：梁宝富 张晓佳 蔡伟胜 秦艳

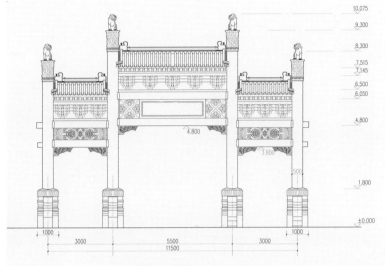

金湖牌坊立面图（2014 年）

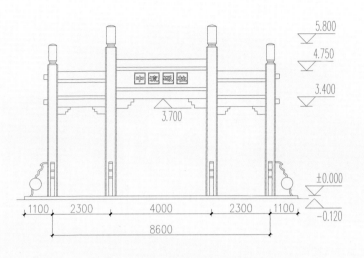

陆公祠牌坊立面图（2009 年）

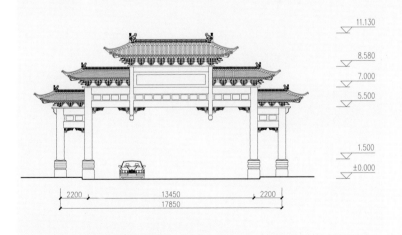

邵伯牌坊立面图（2012 年）

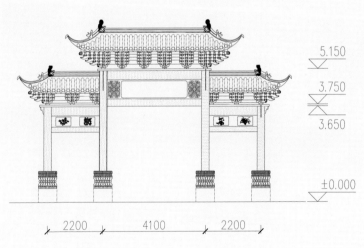

东关美食广场牌坊立面图（2010 年）

金湖牌坊照片

陆公祠牌坊照片

邵伯牌坊照片

东关街美食广场牌坊照片

小玲珑山馆

The Xiaolinglong Study

· 古典园林

20

街南书屋小玲珑山馆位于东关街中段，始建于乾隆年间，旧有十二景而闻名，本图设计依据《小玲珑山馆图记》等史料进行复原设计。

设计单位：江苏油田设计研究院

顾问单位：扬州意匠轩园林古建筑设计研究院

设计指导：杨正福

项目主持人：杨森宽

本图设计人员：梁宝富 张晓佳 梁玉荣 马旺 项华珺 梁安邦 储开鸣 刘德林

设计时间：2012 年

街南书屋效果图

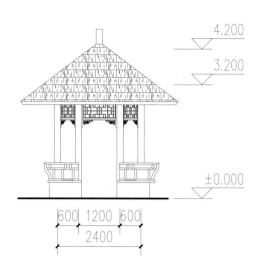

草亭立面图

街南书屋鸟瞰图

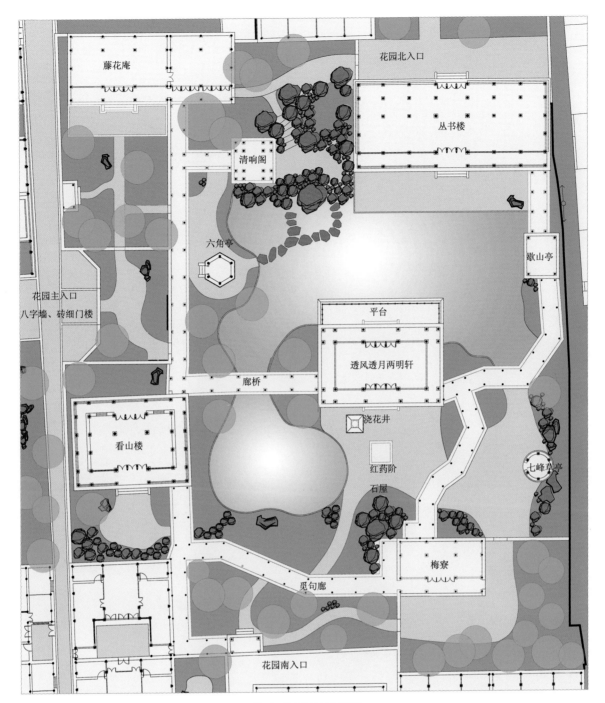

街南书屋总平面图

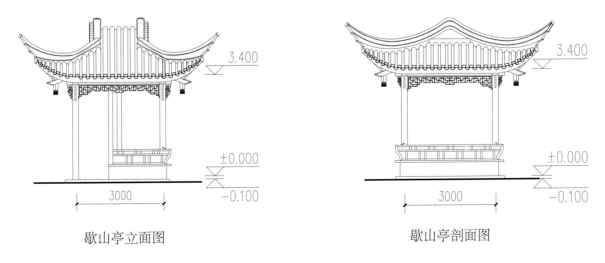

歇山亭立面图

歇山亭剖面图

街南书屋十二景实景照片

21 沈坤状元府

The Shenkun Champion House

· 古典园林

　　淮安区沈坤状元府宅园复建工程，是按照阮仪三教授创意设计而实施的精品文化旅游项目。该项目建设内容包括状元府主体建筑、揽秀楼、跃如阁、殿春轩、涌云楼、香云阁、澄潭山房、半红楼、蕴墨楼、荫绿草堂、点水阁、平远山堂、樵峰阁等13个单体建筑。我院承担半红楼、澄潭山房、殿春轩、揽秀楼、香云阁、荫绿草堂、涌云阁、跃如阁、蕴墨楼的施工图设计以及状元府园林设计。

　　设计单位：江苏华建股份有限公司设计院
　　顾问单位：扬州意匠轩园林古建筑设计研究院
　　主要设计人员：梁宝富　刘德林　梁安邦　王珍珍　秦艳　张晓佳　王欢　储开鸣　张敏
　　设计时间：2012 年
　　设计阶段：园林方案及施工图设计，建筑施工图设计

沈坤状元府鸟瞰图

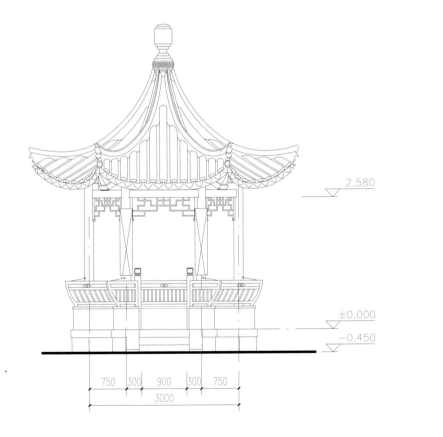

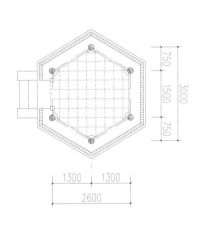

卷翠轩平立面图

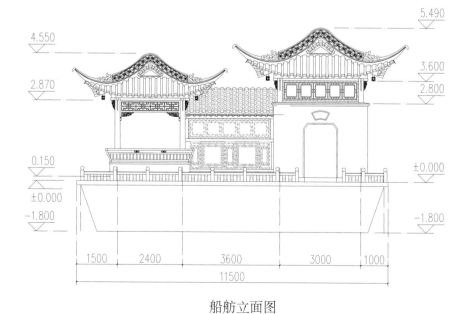
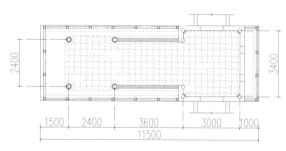

船舫立面图

船舫平面图

沈坤状元府实景照片

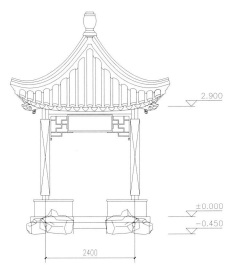

四方亭立面图

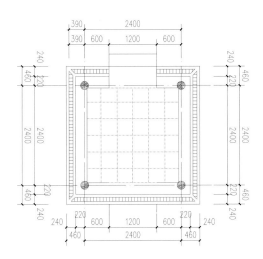

四方亭平面图

22

汕头黄氏庄园
The Huang's Manor, Shantou
· 古典园林

　　黄氏庄园位于广东省汕头市，庄园占地面积 40 亩，设计功能包含宅院、祠堂、会所等。按照江南私家园林的建造手法。

　　设计人员：梁宝富　王珍珍　张晓佳　秦艳　刘德林　王欢

　　设计时间：2013 年

　　设计阶段：方案及扩初设计

黄氏庄园局部鸟瞰图

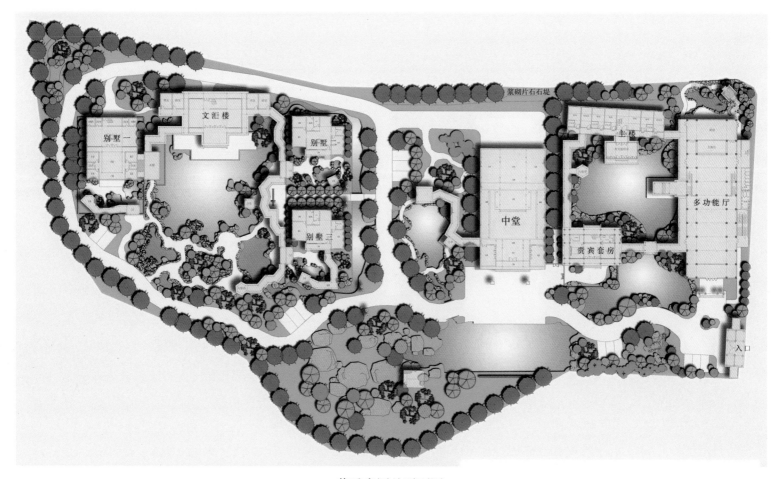

黄氏庄园总平面图

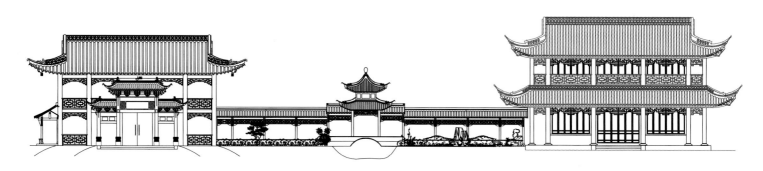

桥立面图

安徽阜南息园

The Xi Garden, Funan

23

·古典园林

　　息园为清代诗人刘体仁的故居。本次项目规划占地面积为 2.5 万平方米，设计依据主要参照地方志以及刘体仁的诗文描述。建筑风格参照皖北地区的民居及造园风格。

　　设计单位：扬州天翼园林景观设计院

　　顾问单位：扬州意匠轩园林古建筑设计研究院

　　设计人员：梁宝富　蔡伟胜　刘德林　王玲玲　张晓佳　王欢　秦艳　张帅帅　吴海波　曾晨　项华珺　张敏

　　设计时间：2013 年

　　设计阶段：方案及施工图设计

息园鸟瞰图

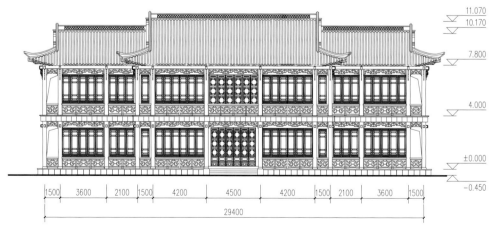

| 1500 | 3600 | 2100 | 1500 | 4200 | 4500 | 4200 | 1500 | 2100 | 3600 | 1500 |

29400

七颂堂正立面图

息园效果图

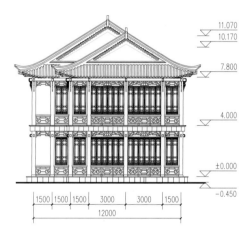

七颂堂侧立面图

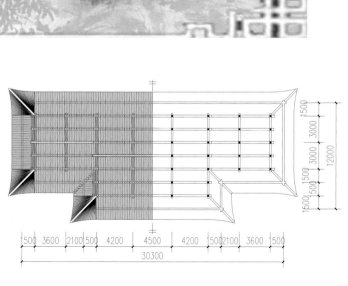

七颂堂木构架图

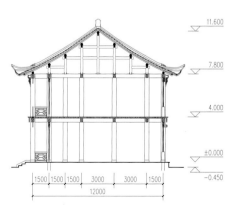

七颂堂剖面图

息园效果图

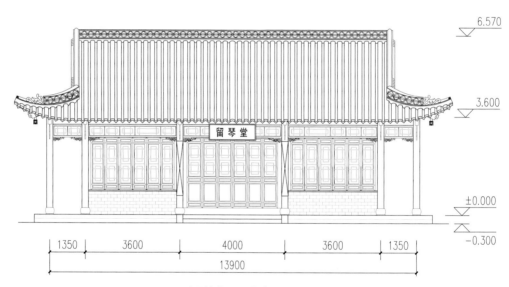

留琴堂立面图

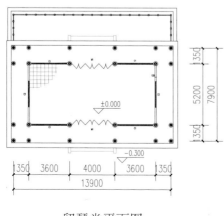

留琴堂平面图

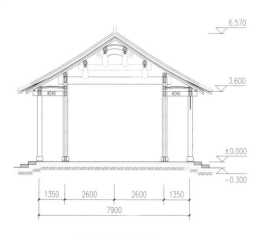

留琴堂剖面图

沙特班达尔王宫

The Bandar Palace, KSA

24

·古典园林

本项目位于沙特阿拉伯，是班达尔王宫的花园，设计目标是利用班达尔王宫原有花园的地理条件，将它改建成具有中国传统园林风格的中式新花园。

顾问单位：扬州意匠轩园林古建筑设计研究院

设计人员：梁宝富 梁安邦 蔡伟胜 张帅帅 王珍珍 刘德林

设计时间：2013 年

设计阶段：方案及施工图设计

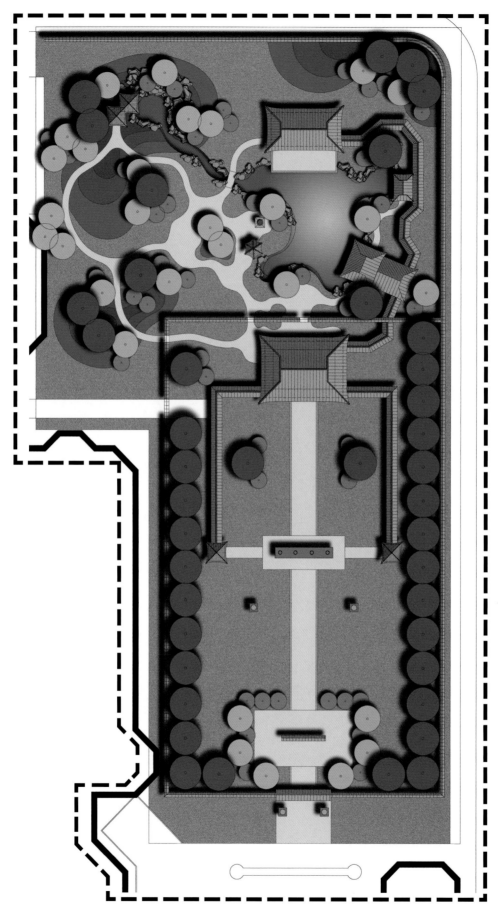

总平面图

鸟瞰图

景观效果图

25

河下城河街客栈

The Chenghe Street Inn, Hexia

· 古典园林

建设单位：淮安江舟置业有限公司
设计单位：江苏华建股份有限公司设计院
顾问单位：扬州意匠轩园林古建筑设计研究院
设计人员：梁宝富 刘德林 张晓佳 蔡伟胜 秦艳 王珍珍 曾晨 张敏
项目地址：江苏淮安
设计时间：2013 年
设计阶段：扩初方案及施工图设计，园林方案与施工图设计

鸟瞰图（由淮安江舟置业有限公司提供）

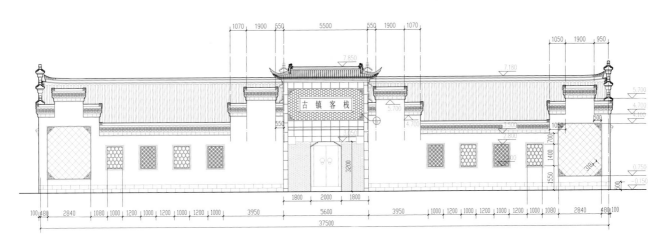

临街建筑立面图

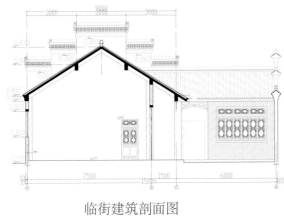

临街建筑剖面图

入口立面详图

建筑遗产保护类

扬州大明寺

The Daming Temple, Yangzhou

• 全国重点文物保护单位

1

大明寺坐落于扬州城北蜀冈之上，占地 500 亩，始建于刘宋孝武帝大明年间（457—464 年）。千年古刹仍保持着昔日的建筑格局，其主要建筑风格仍保留有同治年间扬州地方特色。

在寺院长期的使用工程中，大雄宝殿出现构件变形，天王殿出现木构件倾斜，殿宇木柱出现白蚁侵蚀，屋面漏雨，砖瓦酥碱，风化等不同程度的险情，这些险情造成殿宇在使用过程存在一定安全的隐患。

修缮内容包括大雄宝殿和天王殿的修缮，环境整治与院落利用以及专项保护工程。本次修缮以揭瓦不落架的手法对木构架进行牮正与加固。

残损状况鉴定等级为 II 类建筑，属于重点维修工程。

设计单位：北京兴中兴建筑设计事务所

顾问单位：扬州意匠轩园林古建筑设计研究院

项目主持人：刘若梅

设计人员：梁宝富 任庆生 刘德林 张晓佳 梁安邦 张敏

测绘人员：梁宝富 张晓佳 刘德林 梁安邦 项华珺 张刚 王定俊 秦艳 王国斌 王珍珍
　　　　　杜本军 储开鸣 张帅帅

方案指导：薛炳宽 樊玉祥 李琪 宋桂杰

设计时间：2009 年

设计阶段：测绘，技术方案，施工图设计

大雄宝殿

天王殿

屋面修缮

揭瓦修缮

柱体修缮

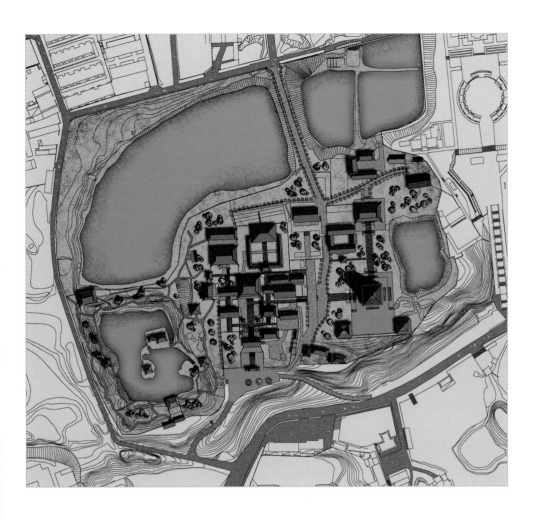

大明寺总平面图

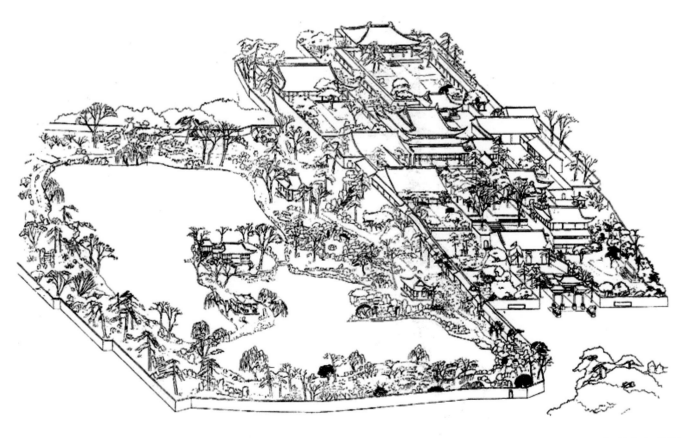

大明寺鸟瞰图
(摘自陈从周《扬州园林》)

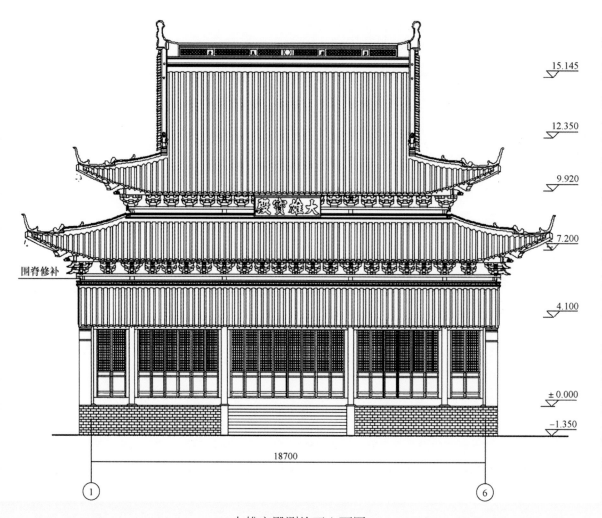

15.145

12.350

9.920

7.200

围脊修补

4.100

± 0.000

−1.350

18700

①　　　　　　　　　　　　　　　⑥

大雄宝殿测绘正立面图

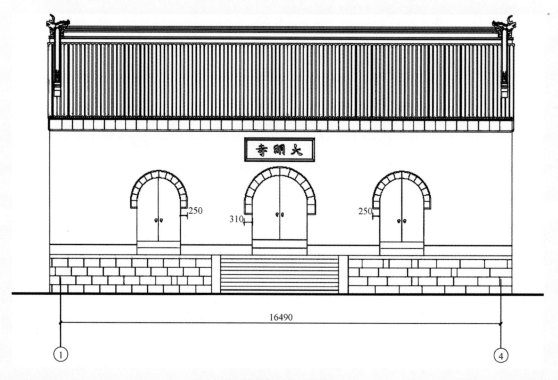

250

310

250

16490

①　　　　　　　　　　　　　　　④

天王殿测绘正立面图

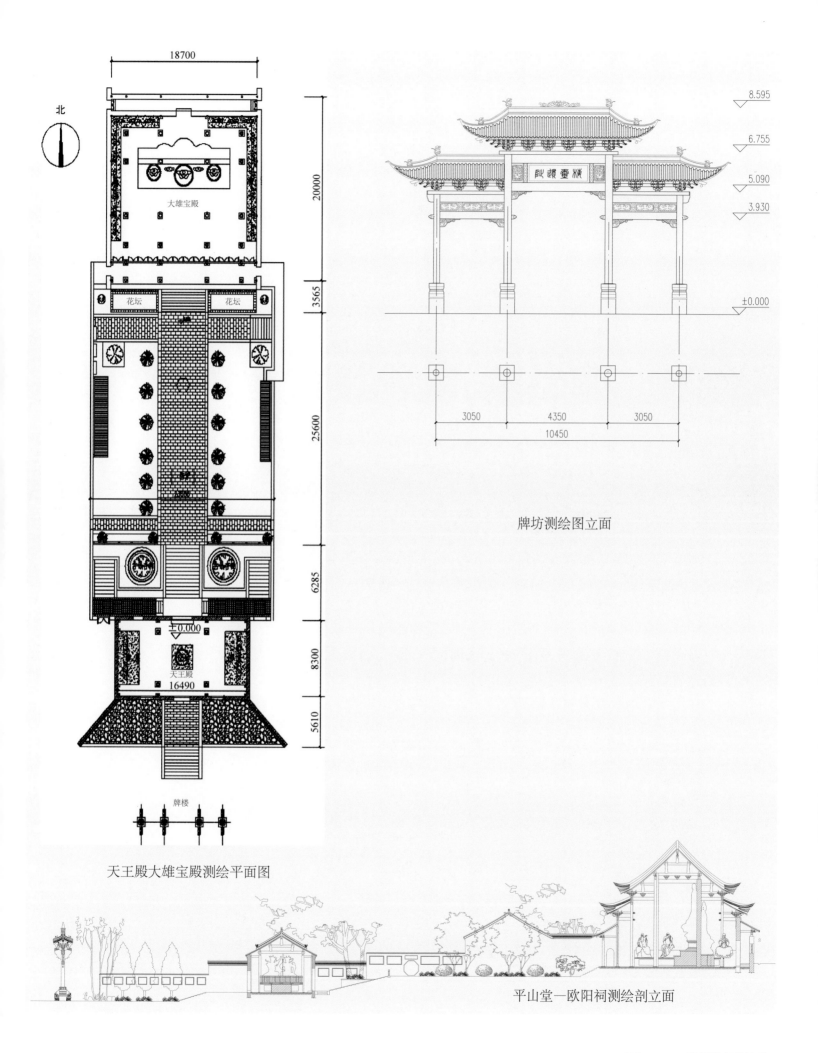

18700

20000

3565

25600

6285

8300

5610

北

大雄宝殿

花坛　　花坛

±0.000

天王殿
16490

牌楼

天王殿大雄宝殿测绘平面图

8.595

6.755

5.090

3.930

±0.000

3050　　4350　　3050

10450

牌坊测绘图立面

平山堂—欧阳祠测绘剖立面

2 扬州普哈丁墓

The Puhading Cemetery, Yangzhou

· 全国重点文物保护单位

    普哈丁墓园位于江苏省扬州市市区内，东关城外运河东岸的土岗上。俗称"回回堂"、"先贤墓"。始建于宋代元年（1275年），明、清扩建重修。

    普哈丁墓园整体做东朝西，是一组典型的阿拉伯式风格与扬州地区传统风格相结合的建筑群。整个园区占地15600平方米，分为墓园、清真寺和园林三部分。

    兰宅鉴定为IV类建筑，属于抢修加固工程。进行落架大修；重瓦屋顶，重砌墙体，复原装修，恢复原建筑形式。

    北区元、清墓及墓葬，属于（四）类保护性设施建设工程，进行墓本体保护。

    墓园建筑属于（一）类保养养护工程。对西厅、东厅及南北碑亭残损部位进行现状维修；墓亭建筑进行屋面除草检修等一般保养修缮。

    院落改造属于（一）类经常性保护工程。

设计单位：北京兴中兴建筑设计事务所

顾问单位：扬州意匠轩园林古建筑设计研究院

项目主持人：刘若梅

设计人员：梁宝富　任庆生　刘德林　秦艳　王珍珍　张杰　张帅帅

测绘人员：刘德林　秦艳　王珍珍　张杰　张帅帅　王驰

设计时间：2013年

设计阶段：测绘，技术方案，施工图设计

鸟瞰效果图

普哈丁墓保护区鸟瞰图

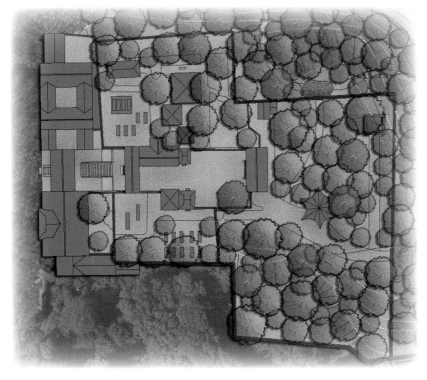

普哈丁墓保护区测绘平面图

望月亭测绘立面

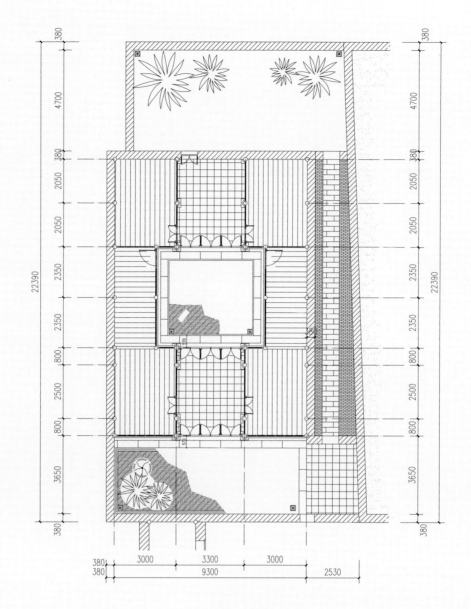

兰宅测绘平面图

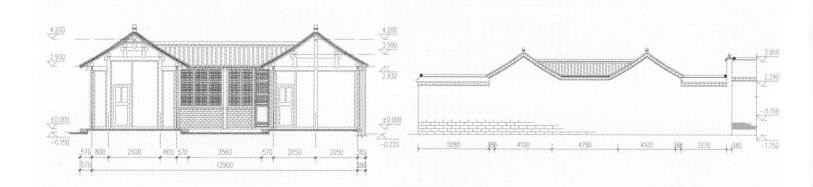

兰宅测绘剖面图

中国大运河（Grand Canal）是中国平原上的伟大工程，是中国古代汉族劳动人民创造的一项伟大的水利工程，为世界上最长的运河，也是世界上开凿最早、规模最大的运河。始建于公元前486年。中国大运河在第38届世界遗产大会上获准列入世界遗产名录。

　　我院参与设计的遗产点包括扬州天宁寺，湾头河街，邵伯明清故道，淮扬主线（邵伯段），高邮当铺，宝应刘保闸，淮扬主线（宝应段），淮安镇淮楼以及邗沟东道樊川段，射阳湖码头。

大运河遗产

The Grand Canal, Yangzhou

· 世界文化遗产

3

（宝应博物馆提供）

寮房、方丈室修缮前现场照片

寮房、方丈室修缮后现场照片

天宁寺始建于东晋，为江苏省文物保护单位。

1. 方丈楼分布在天宁寺东北侧，坐北朝南。为错位相连的二层砖木结构，屋面为硬山重檐作法。两栋皆面阔五开间，东侧方丈楼左右各连接一层厢房。

2. 僧房位于方丈楼西侧，主房前后三进，两侧厢房相连贯通。一、二两进僧房均有前后檐廊，置卷棚。

测绘设计人员：梁宝富 张晓佳 王定俊

测绘时间：2007 年

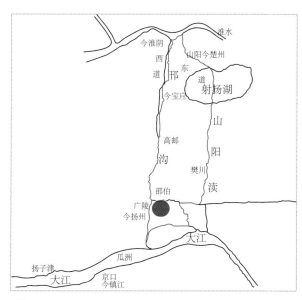

● 项目所在地

淮扬运河示意图

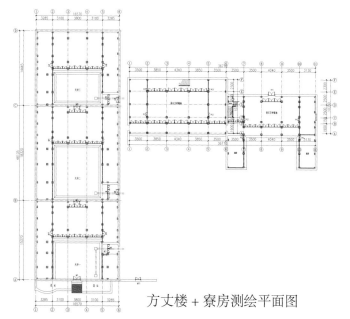

方丈楼 + 寮房测绘平面图

寮房、方丈室修缮后现场照片

天宁寺卫星图

方丈楼测绘剖面图

方丈楼测绘南立面图

寮房测绘西立面图

湾头河街总平面图

■ 民居建筑
■ 文保建筑

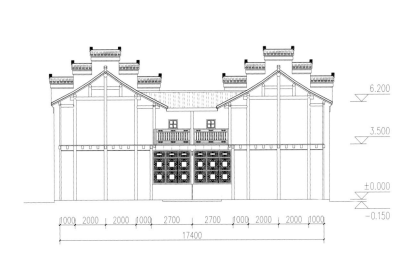

陈氏住宅剖面图

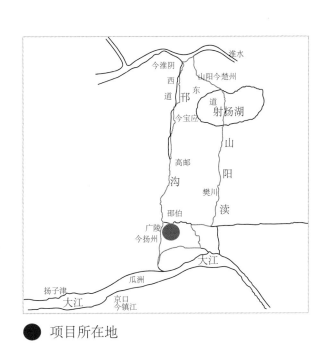

● 项目所在地

淮扬运河示意图

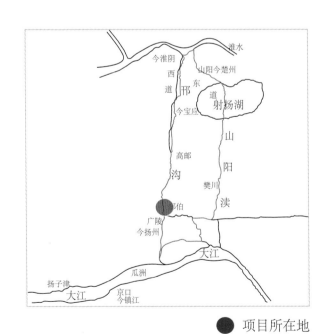

● 项目所在地

邵伯明清故道改造后实景照片

淮扬运河示意图

堤顶水泥路面更换为条石铺地（具体见详图）　堤顶为青石铺地等保留现有铺地　拆除土建研架，恢复得伯码头（具体见详图）　堤顶水泥路面更换为条石铺地（具体见详图）　保留现有码头形式及条石踏步　堤顶为青石铺地的保留现有铺地　沿河建筑（具体见

保留现有码头形式及条石踏步

堤身采用青砖丁砌修补缺失处、堤脚绿化恢复

木栈道（至滚水坝）　虎皮石驳岸采用爬山虎等攀援植被遮蔽　沿河建筑立面采用爬山虎遮蔽　院墙刷白、严禁使用涂料，应用石灰，采用传统工艺　沿河建筑立面采用爬山虎遮蔽　沿河建筑立面采用爬山虎遮蔽

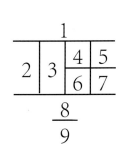

1. 邵伯环境整治总平面图

2/3. 邵伯明清故道改造后实景照片

4~7. 邵伯明清故道改造对比照片

8. 邵伯古堤整改立面图

9. 邵伯古街建筑立面图

项目设计内容：遗产点——故道、古堤、码头及铁牛景区

保护规划设计单位：东南大学建筑设计研究院

施工图设计单位：扬州意匠轩园林古建筑设计研究院

测绘设计人员：梁宝富　刘德林　张晓佳　秦艳　王欢
　　　　　　　王珍珍　曾晨　王驰　张帅帅

测绘时间：2012 年

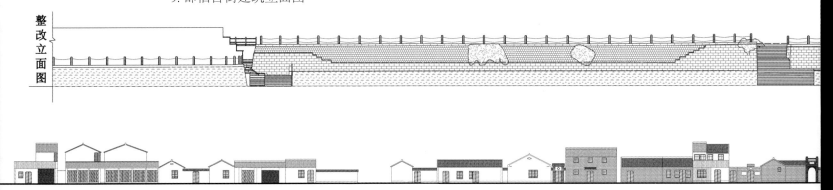

整改立面图

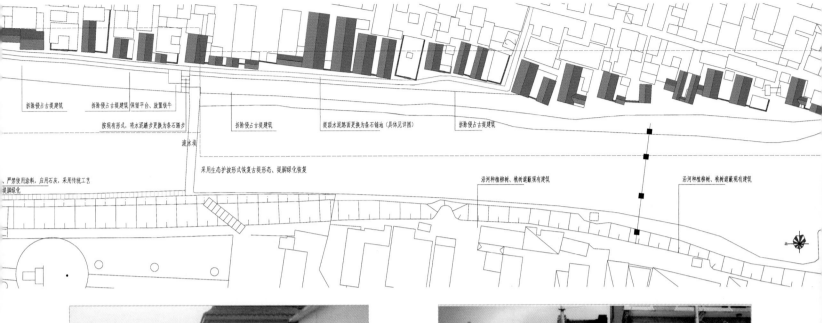

拆除侵占古堤建筑　　　拆除侵占古堤建筑保留平台、放置铁牛

按现有形式,将水泥蹬步更换为条石踏步　　　拆除侵占古堤建筑　　　堤顶水泥路面更换为条石铺地(具体见详图)　　　拆除侵占古堤建筑

溢水坝

、严禁使用涂料,应用石灰,采用传统工艺　　　采用生态护坡形式恢复古堤形态,提脚绿化恢复　　　沿河种植柳树、桃树遮蔽现有建筑　　　沿河种植柳树、桃树遮蔽现有建筑
提脚绿化

岸线改造前

岸线改造后

整治前邵伯古码头

整治后邵伯古码头

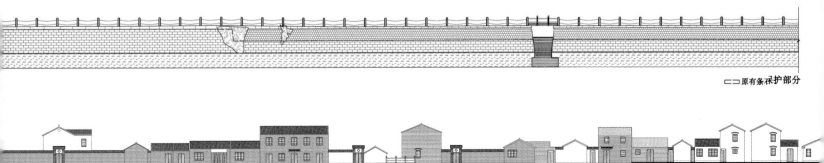

原有条石保护部分

改造后实景照片

项目设计内容：遗产点——故道、古堤、码头及铁牛景区

保护规划设计单位：东南大学建筑设计研究院

施工图设计单位：扬州意匠轩园林古建筑设计研究院

测绘设计人员：梁宝富 刘德林 张晓佳 秦艳 王欢
　　　　　　　王珍珍 曾晨 王驰 张帅帅

测绘时间：2012 年

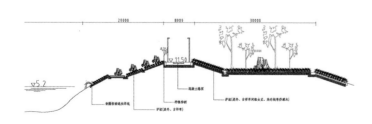

剖面图（邵伯段 12.5km）

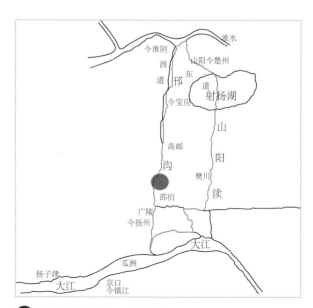

● 项目所在地（邵伯段 12.5km）

淮扬运河示意图

鸟瞰图

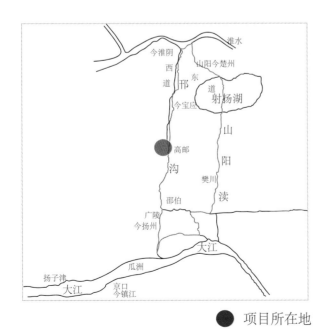

● 项目所在地

淮扬运河示意图

存箱楼实景照片

高邮当铺总平面图

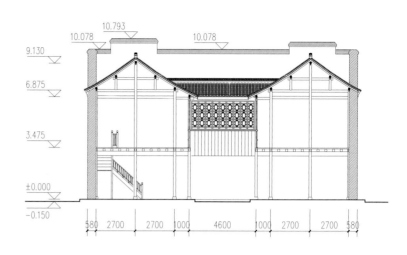

存箱楼测绘剖立面图

　　高邮北门当铺开设于清代早中期，是清末民初重要的商业街区，当铺占地面积约 3300 平方米，是我国目前发现的保存较好、规模较大的古代典当遗存，为全国重点文物保护单位。

　　高邮当铺为清代高邮州规模最大的当铺，原有房屋 80 多间，其中柜房 3 间，客房 3 间，首饰房 24 间，号房 40 多间，更房、厨房、生活用房 10 多间，平面呈近似长方形，东西长 50 多米，南北宽 40 多米，南面临街，东西北三面和民居接壤，除个别地段外，分界较明显。

设计单位：北京兴中兴建筑设计事务所
顾问单位：扬州意匠轩园林古建筑设计研究院
测绘设计人员：梁宝富 刘德林 秦艳 王驰 张杰 张帅帅 王欢 王珍珍 张敏
设计时间：2013 年
设计阶段：测绘，技术方案，施工图设计

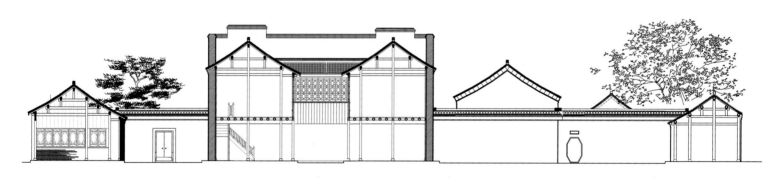

A7 ～ A10 测绘剖立面图

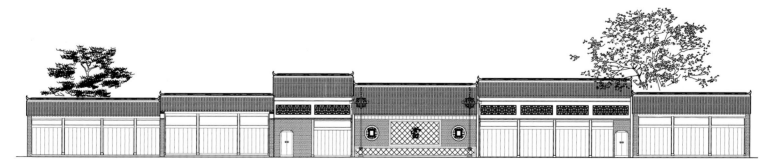

修缮后建筑南立面图

刘家堡减水闸为全国重点保护单位，位于沿河镇南 2 公里处，南距刘家堡渡口 180 米，位于现代京杭运河的东堤下约 2 米。最初暴露的遗迹是减水闸北闸墙的西北转角及部分北墙、西墙和铺底石、地丁。在其南侧时隐时现的有地丁和糯米汁粘合的条石墙存在，在周边的地层中可拣到许多明清时期的陶瓷片。

刘家堡减水闸东西长 14.24 米，南北宽 3.44 米，平面呈"】【"形。整体有由南北闸墙、铺地石、地丁、摆手四部分组成。2014 年 12 月 30 日在做周边保护性环境施工时，使文物本体出现了险情，各级文物部门高度重视。我院按照原传统工艺的要求制定了抢救性保护方案。

主要设计人员：梁宝富　王驰

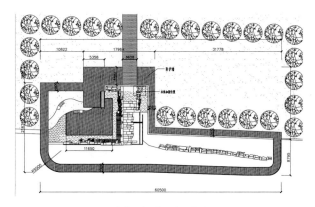

水闸方案平面图

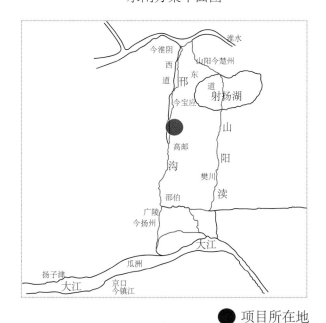

● 项目所在地

淮扬运河示意图

刘家堡减水闸现场照片

淮阳主线效果图

跃龙关改造前现场照片

跃龙关改造后现场照片

跃龙关，曾经是运河入城的闸口。现存闸口、码头保存状况良好，但失去使用功能。周边建筑形制与风貌仍然存在，但环境较差。本方案恢复闸口、码头的观赏功能。对周边的建筑环境进行保护性整治。

测绘设计人员：梁宝富 张晓佳 秦艳

设计时间：2013 年

设计阶段：测绘，技术方案，施工图设计

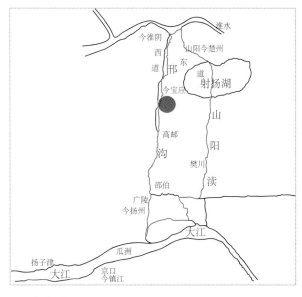

● 项目所在地

淮扬运河示意图

东侧建筑立面效果图

实景照片

总平面图

淮扬主线（宝应段）是主线比较有特色的生态长廊，本次设计主要采用乡土树种恢复原生态系统，包括沿河驳岸以及休闲活动设施。

施工图设计人员：梁宝富　张杰　项华珺　王驰　毛志敏

设计时间：2014 年

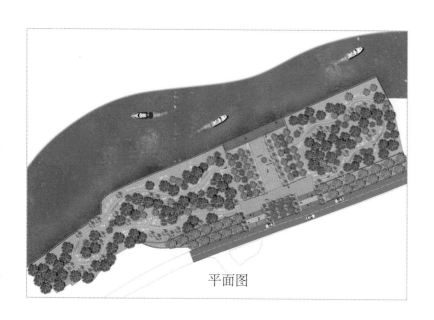

平面图

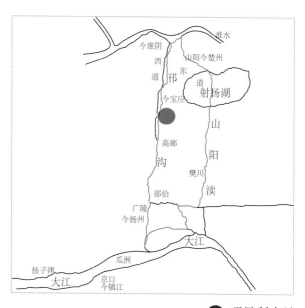

● 项目所在地

淮扬运河示意图

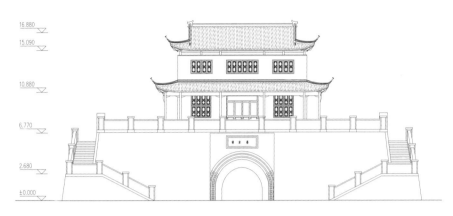

镇淮楼全景测绘立面图

淮安市淮安区镇淮楼是运河遗产的重要节点,是古城淮安的象征性建筑。始建于北宋,原为镇江都统司酒楼。现长28米,宽14米,高8米,古朴雄伟。2002年10月省政府公布其为第五批省级文物保护单位。本次修缮范围包括屋面翻修,部分木结构更换,整个建筑保养。

测绘设计人员:梁宝富 刘德林 张敏

设计时间:2013年

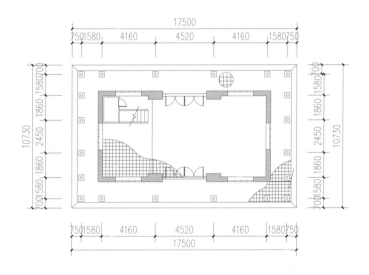

底层平面图

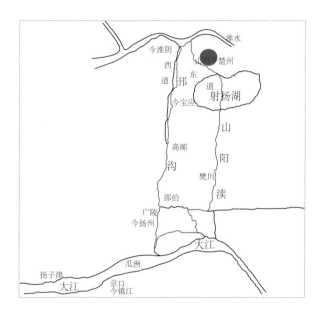

● 项目所在地

淮扬运河示意图

镇淮楼实景照片

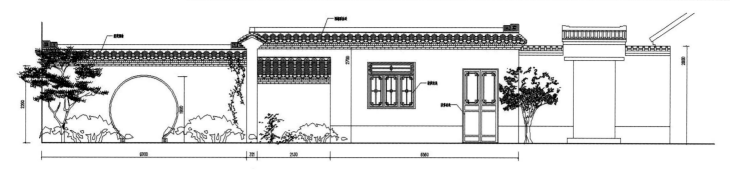

改造围墙立面图

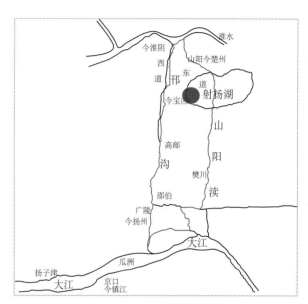

● 项目所在地

淮扬运河示意图

　　射阳湖码头工程为邗沟东道的北起点，本次修缮内容完成码头修复，街巷整治，周边建筑风貌修缮以及文物保护点修缮。

测绘设计人员：梁宝富　张晓佳　秦艳

设计时间：2013 年

宝应射阳湖效果图

人民路至彩虹路测绘东立面

项目研究范围图

```
[- - -]  一期项目范围

[- - -]  研究范围 邗沟东道（延寿闸至盐邵河段
        河岸线向外侧 50 米
```

邗沟东道（樊川镇段）保护设计内容主要有：河道整治、按照传统做法驳岸、河街环境整治以及文物保护点修缮。

设计单位：北京兴中兴建筑设计事务所

顾问单位：扬州意匠轩园林古建筑设计研究院

测绘设计人员：梁宝富 任庆生 刘德林 张帅帅

                张杰 王驰 王亚军 陆宏宇 韩婷婷

设计时间：2015 年

改造前现场照片

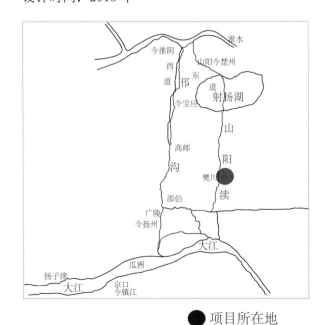

● 项目所在地

淮扬运河示意图

效果图

大相国寺藏经楼

The Daxiangguo temple, Kaifeng

5

· 全国重点文物保护单位

　　大相国寺位于河南开封市自由路西段，原为战国时魏公子信陵君故宅，北齐天保六年（555年）始建相国寺。大相国寺是中国著名的佛教寺院，禅宗胜地，在中国佛教史上占有重要地位。整个建筑保持着清代风格，古色古香，金碧辉煌。

　　大相国寺藏经楼占地面积682.94平方米，面阔5间，进深5间，现存为清代建筑。该楼两层歇山结构，建筑体量适宜。藏经楼修缮工作属于修缮工程。采用"落架大修"的方案。

　　测绘设计人员：梁宝富　张晓佳　刘德林　张敏

　　设计时间：2010年

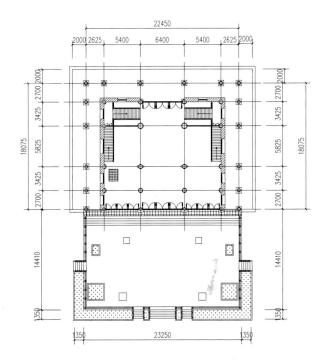

大雄宝殿首层测绘平面图

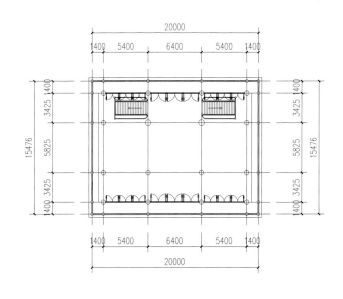

大雄宝殿二层测绘平面图

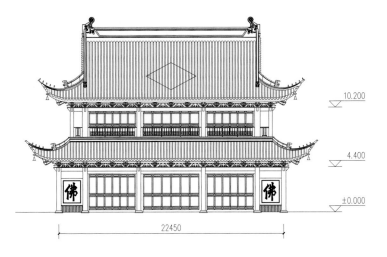

大雄宝殿测绘南立面图

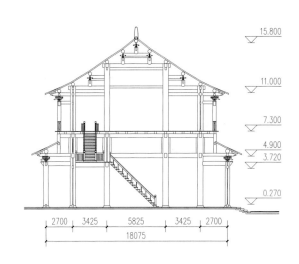

大雄宝殿测绘剖面图

相国寺实景照片

6

盐城陆公祠
The Lugong Temple, Yancheng
· 省级重点文物保护单位

  盐城陆公祠位于盐城市中心位置，为"三进两厢"的清式建筑，是为了纪念南宋末年左丞相陆秀夫而修建的祠堂。

  本工程修缮内容：揭瓦大修，内外部环境保养。建筑修缮原则，即尊重历史，延续建筑文脉，修旧如旧，建筑风格均以青墙黛瓦的清代建筑为主。

  测绘设计人员：梁宝富 项华珺 张晓佳 刘德林 张敏

  设计时间：2009 年

  设计阶段：测绘，技术方案，施工图设计

鸟瞰图

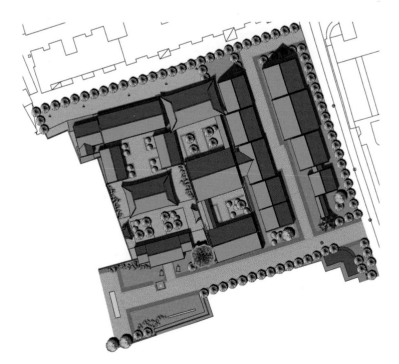

总平面图

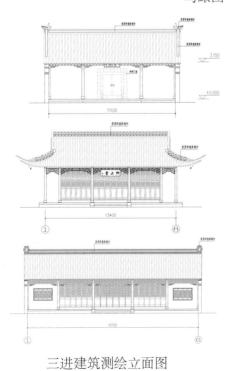

三进建筑测绘立面图

大门实景照片

半亭实景照片

围墙实景照片

照壁实景照片

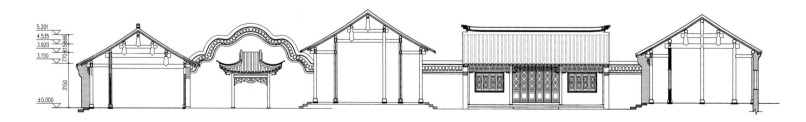

修复部分剖面图

栖霞寺
The Qixia temple, Nanjing
• 全国重点文物保护单位

7

栖霞寺位于南京市栖霞区栖霞山，是中国名刹之一，江南佛教"三论宗"的发源地。栖霞寺始建于南齐永明七年（489 年），梁僧朗于此大弘三论教义，被称为江南三论宗初祖，隋文帝于八十三州造舍利塔，其立舍利塔诏以蒋州栖霞寺为首。唐代时称功德寺，规模浩大，1983 年被确定为汉族地区佛教全国重点寺院，同年创建中国佛学院栖霞山分院。

本次修缮工程：大殿，方丈院内所有建筑。

测绘设计人员：梁宝富　张刚　王万明　华桂昌

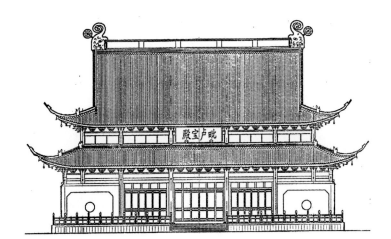

大雄宝殿实景照片

藏经楼实景照片

绿野堂实景照片

方丈室实景照片

仙鹤寺

The Xianhe temple, Yangzhou
· 省级重点文物保护单位

8

　　仙鹤寺又名礼拜寺，是扬州市现存最早的清真寺，位于（扬州）府东（街）太平桥北（今南门街），由伊斯兰教创始人默罕默德十六世裔孙普哈丁于南宋德佑元年 1275 年创建。

　　仙鹤寺占地 1740 平方米，由门庭、礼拜殿、水房、望月亭、诚信堂、陪房等组成，建筑面积 690 平方米。作为伊斯兰教宗教活动场所的整个建筑群，古色古香，布局合理，功能齐备。各组建筑物之间相互以玉带墙相隔，形成各自的小院落，又以露天甬道、走廊或门相连。

　　本次修缮的文物建筑包括仙鹤寺大殿（礼拜殿）及其附属建筑群。经过鉴定为 II 类建筑，属于重点维修工程。主要采取揭瓦大修和现状维修的手法。

测绘设计人员：梁宝富　蔡伟胜　吴海波　韩婷婷　刘申

设计时间：2015 年

仙鹤寺鸟瞰照片

圣教全真

仙鹤寺剖立面图

仙鹤寺大门实景照片

仙鹤寺敬经堂实景照片

仙鹤寺大殿实景照片

仙鹤寺望月亭实景照片

9 盐城新四军旧址

The Site of the New Fourth Army, Yancheng

本次修缮项目：省级文物保护单位的有新四军所属抗日军政大学第五分校，建湖华中鲁艺烈士陵园，市级文物保护单位有顾正红故居，《盐阜大众》创刊旧址（头庄）。

测绘设计人员：梁宝富 蔡伟胜 刘德林 王驰 王亚军

设计时间：2014 年

抗大五分校景观改造效果图

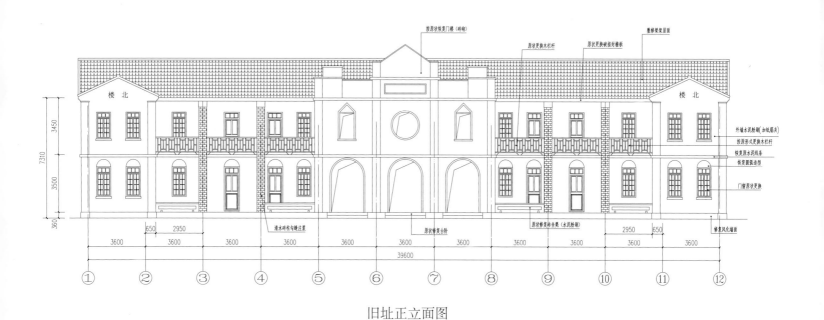

旧址正立面图

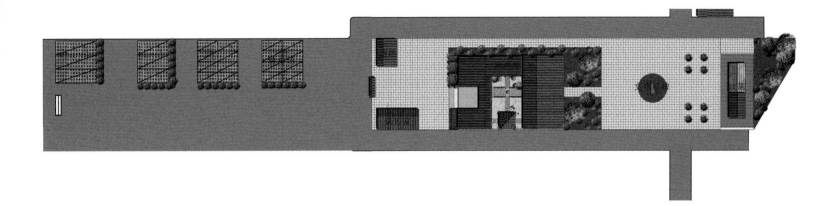

1	
2	3
4	5

1. 顾正红故居平面图

2~5. 顾正红故居改造前现场照片

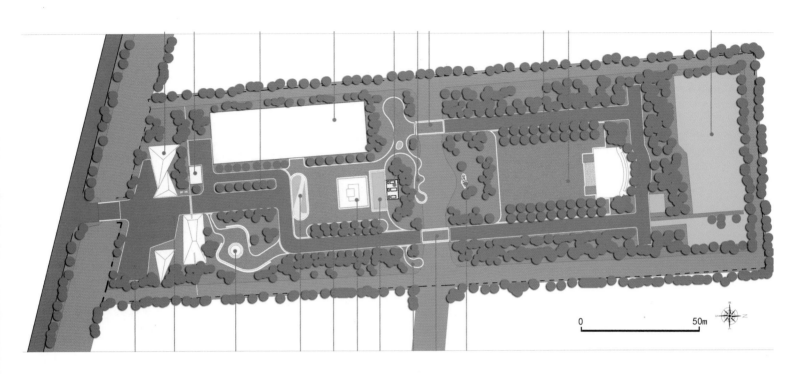

$$\frac{1}{2\,|\,3}$$

1. 华中鲁艺烈士陵园平面图

2/3. 华中鲁艺烈士陵效果图

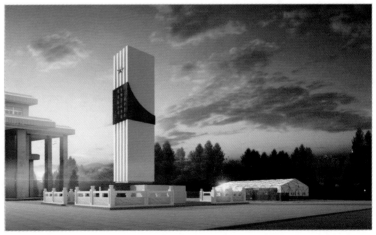

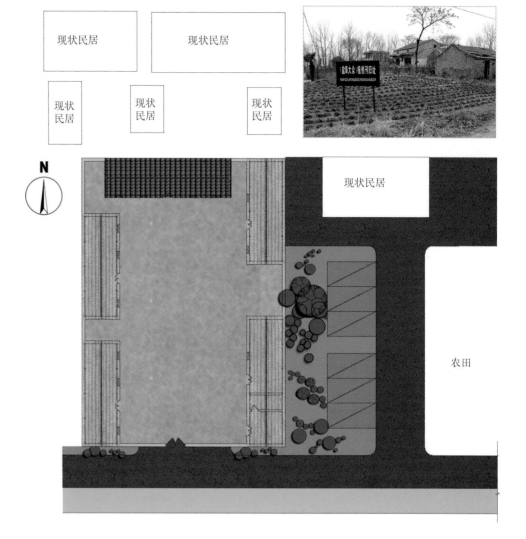

现状民居

现状民居

现状民居

现状民居

现状民居

现状民居

农田

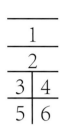

1	
2	
3	4
5	6

1. 修缮前现场照片

2. 总平面图

3. 编辑部立面图

4. 编辑部修缮前现场照片

5. 生活区立面图

6. 生活区修缮前现场照片

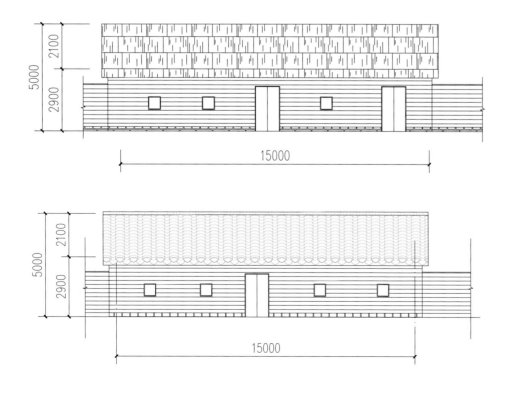

董恂读书处

The Site of Dongxun Study, Shaobo

· 省级重点文物保护单位

10

董恂读书处位于邵伯古镇南大街 134 号，2011 年公布为省级文物保护单位，根据现场勘查论证及众多专家认证该建筑为明末清初的民居建筑，经过后人长期的生活居住，建筑已形成典型的"前店后宅"的格局。

经鉴定为Ⅳ类建筑，承重结构的局部或整体处于危险状态，属于修缮工程。进行落架大修；重瓦屋顶，重砌墙体，复原装修，恢复原建筑形式。

测绘设计人员：梁宝富　刘德林　王欢　蔡伟胜　张杰　吴海波

设计时间：2013 年

设计阶段：测绘，技术方案，施工图设计

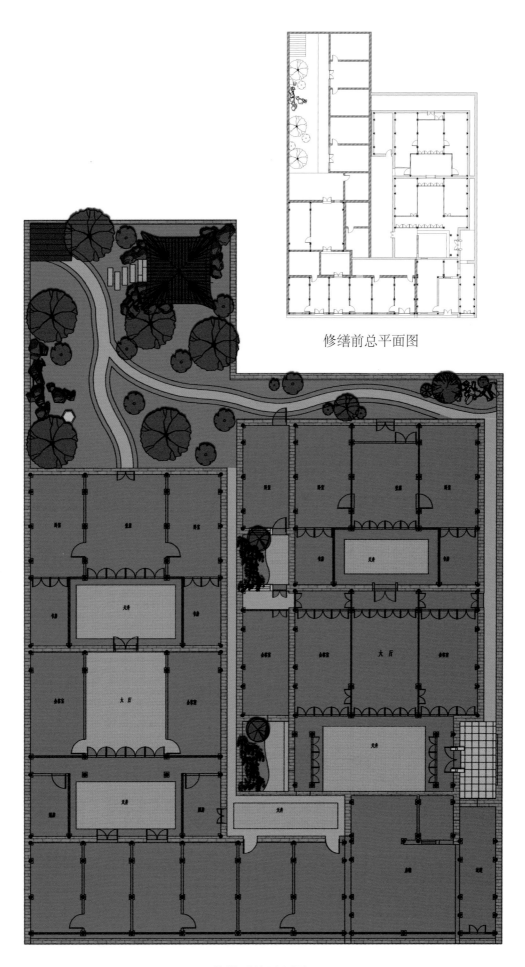

修缮前总平面图

修缮后总平面图

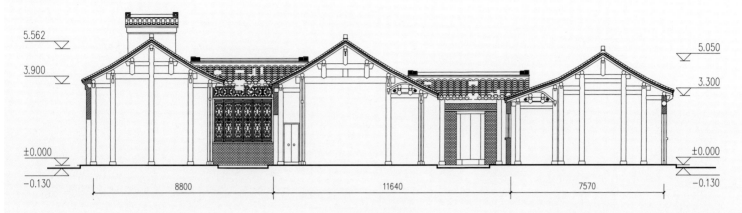

测绘剖面图 1

测绘正立面图

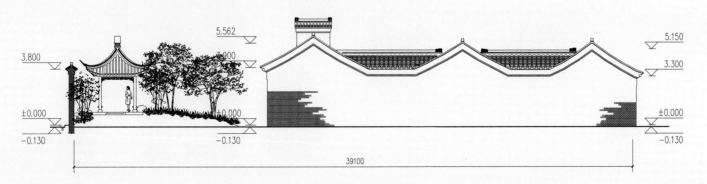

测绘侧立面图

11

阮家祠堂
The Ruanyuan ancestral Temple
• 省级重点文物保护单位

　　阮家祠堂始建于清嘉庆年间，前后原有五进房屋，房屋组群分为三路。东路由南向北分别为轿房、对厅、大厅、二进、三进、四进、奉恩楼；中路为阮元家庙，以《大清会典》所载"一、二、三品官，庙五间、两室、阶五级、两庑、三门"规格建造；西路为花厅、大厅、二进、三进、四进、文选楼。如今重新修缮的阮元家庙，仍然由三路组成，东路为太傅宅第的起居室、会客室，中路为家庙，西路主要是阮家书房和隋文选楼。

　　本次修缮内容包括阮家祠堂保养、院落空间改造及祠堂周边景观提升。

　　测绘设计人员：梁宝富　张帅帅　张杰　项华珺

　　设计时间：2015 年

扬州阮家祠堂保护及景观改造效果图

阮元家庙鸟瞰图

阮元家庙效果图

小游园及停车场效果图

阮元家庙总平面图

吴道台及芜园旧址

The site of Wu Garden and Wu Daotai

· 全国重点文物保护单位

12

    吴道台宅第建于 1904 年，坐落于扬州市区泰州路中段，是全国重点文物保护单位。仿造宁绍台道衙署，结合扬州建筑风格，建设而成。吴道台宅第现存面积 2650 平方米，坐北朝南。吴道台宅第除住宅部分外，在住宅东侧，有一花园，名为"芜园"；宅第和花园中间隔着原北河下街人行巷，在人行巷南北两侧有两个文林坊。芜园和住宅同时修建，是一个独立大花园。占地约 15 亩，南北长约 200 米，东西宽约 50 米。东面一直到城墙根，北面连接着一个三进吴氏祠堂。

设计人员：梁宝富 项华珺 张杰 储开鸣 张帅帅

设计时间：2013 年

设计阶段：芜园旧址设计，吴道台府邸内景观提升，建筑修缮

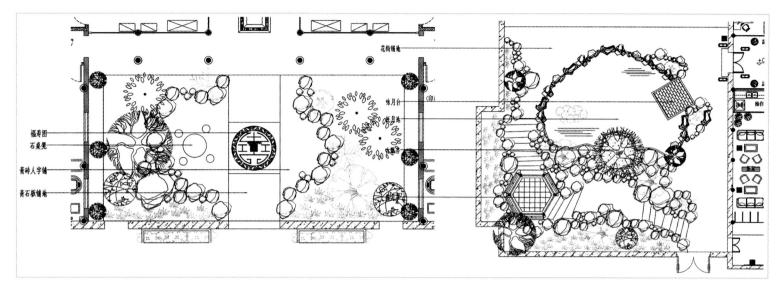

吴道台庭院平面图

芜园效果图

码头小广场效果图

吴道台景观效果图

芜园实景照片

风景园林类

凤台体育公园

The Fengtai Sports Park, Fengtai

·市政公共

1

　　凤台体育公园是以凤台市体育中心为基础打造的集运动，休闲，娱乐为一体的生态型的城市市民公园，景观设计面积 12.5 万平方米。

设计人员：梁宝富　张晓佳　刘德林　储开鸣　张剑宇　王珍珍　王欢　张敏

设计时间：2011 年

设计阶段：方案设计，施工图设计

鸟瞰图

中心广场效果图

中心喷泉效果图

中心水景效果图

中心景观效果图

凤台体育公园实景照片

163　　－风景园林类－

阜南刘体仁公园

The Liutiren Park , Funan

2

· 市政公共

　　刘体仁公园位于安徽阜南县，是以清代诗人刘体仁故居息园作为依托扩建的城市公园，以此纪念刘体仁先生。

　　设计人员：梁宝富　蔡伟胜　刘德林　秦艳　吴海波　王驰　曾晨　张帅帅　王珍珍　王欢　张晓佳　项华珺　张敏

　　设计时间：2013 年

　　设计阶段：方案设计及施工图设计

体育公园鸟瞰图

体育公园总平面图

道路效果图

湿地效果图

普哈丁园

The Puhading Cemetery, Yangzhou

·市政公共

3

普哈丁园，曾为扬州市城东公园，全园占地 40 亩，由古清真寺、古墓园、古典园林三部分组成。普哈丁园始建于宋朝德祐元年（公元 1275 年），是扬州穆斯林为纪念穆罕默德十六世裔孙普哈丁所建，园内阿拉伯式和中国民族式建筑有机地形成一个整体。改建后将成为扬州市民生态文化休闲公园。

设计人员：梁宝富 张杰 张帅帅 王珍珍 蔡伟胜 刘德林 王欢 王亚军 张敏

设计时间：2014 年

设计阶段：方案设计及施工图设计

鸟瞰图

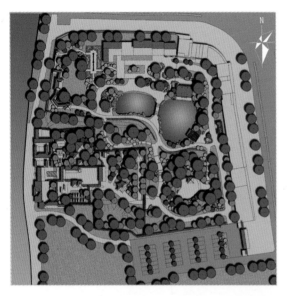

普哈丁总平面图

普哈丁中心效果图

普哈丁大门效果图

普哈丁入口效果图

4

扬州三湾湿地公园

The Sanwan Wetland Park, Yangzhou

· 市政公共——国际竞标第二名

三湾湿地公园规划以植树绿化和景观建设为主，尽可能保持湿地原生态，同时拟建湿地生态教育基地，是集人文、生态、运动、休闲于一体的综合性休闲公园，该公园为开放式市民公园，以后还将安置一些体育运动器材、篮球场等设施供市民锻炼、娱乐。

设计人员：梁宝富 项华珺 张晓佳

设计时间：2010 年

设计阶段：方案设计

鸟瞰图

滨水生态体验区效果图

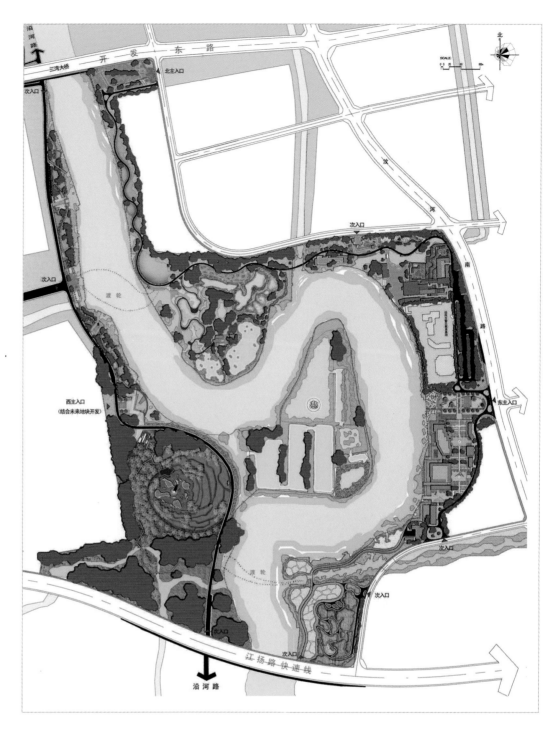

总平面图

田园生态体验区效果图

东入口广场效果图

5 扬州河道景观提升

The River Syestem Landscape, Yangzhou

· 市政公共

2009年扬州市政府决定实施古城区河道景观提升工程，我院受扬州涵闸管理处的委托，对古运河，北城河，小秦淮河，二道河等河流的两岸景观进行提升设计。

设计人员：梁宝富　张晓佳　项华珺　刘德林

设计时间：2009年

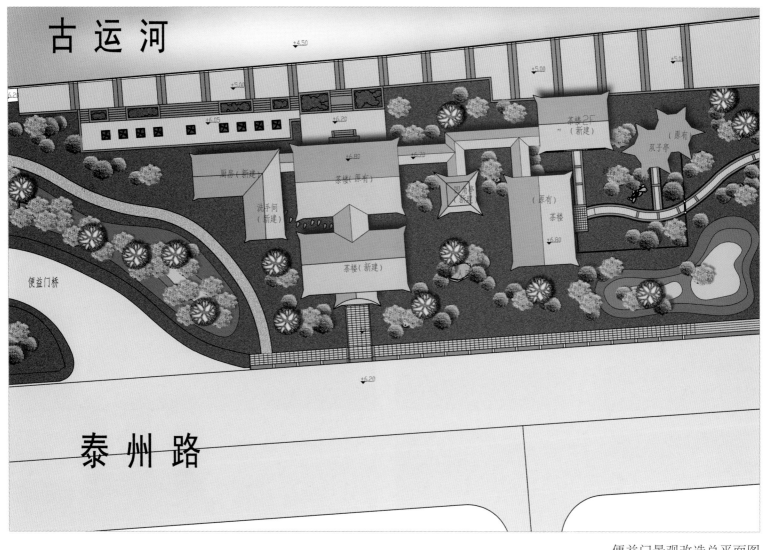

古运河

泰州路

便益门景观改造总平面图

便益门景观改造鸟瞰图

便益门景观改造效果图

扬州水系改造效果图

江都淮江公路

The Huaijiang Road, Jiangdu

·市政公共

6

江都淮江公路是江苏省级公路，是从扬州北绕城高速陈行出口驶入邵伯古镇的主要入口景观大道。该工程设计在保证与古镇风貌协调的基础上突出微地形处理，在种植设计方面强调植被层次以及季相变化。

设计人员：梁宝富　张杰　王驰　张帅帅　王欢

设计时间：2014 年

设计阶段：方案设计及施工图设计

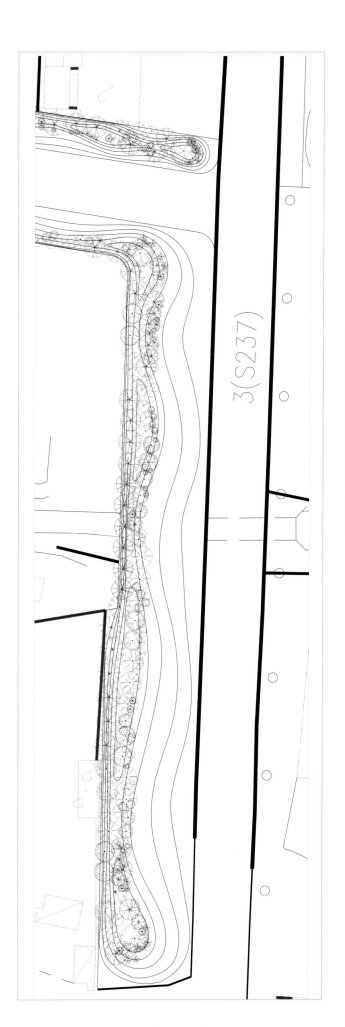

淮江公路效果图

淮江公路局部种植平面图

东关美食广场

The Dongguan Cate Plaza, Yangzhou

7

·市政公共

东关美食广场景观工程位于全国重点文物保护单位——个园的东侧。景观设计面积为 1.8 万平方米，景观设计内容主要包括广场建筑、牌坊、环境中的亭廊、水景、室外广场铺装及植物造景设计。

设计人员：梁宝富 张晓佳 王欢 王珍珍 秦艳 张帅帅

设计时间：2012 年

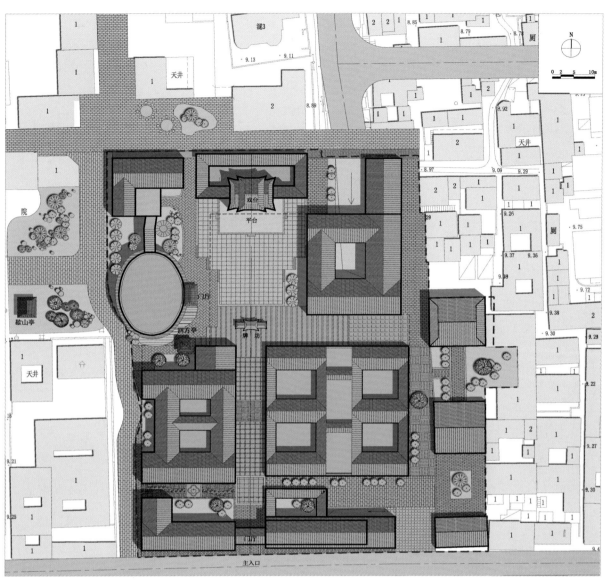

东关美食广场总平面图

东关美食广场鸟瞰图
（由名城公司提供）

东关美食广场实景照片

8

金沙湖高尔夫球场

The Jinsha Lake Golf Course,Zhengzhou

· 市政公共

金沙湖高尔夫球场位于郑州郑东新区，景观设计面积为 15 万平方米，景观设计内容包括大门入口，道路，山体绿化，球场景观，会所周边的广场、假山、水景、园林建筑。

设计人员：梁宝富 项华珺 张晓佳 刘德林 张敏

设计时间：2008 年

会所效果图

入口效果图

道路效果图

大门建成照片

会所前水景建成照片

会所前水景建成照片

道路建成照片

9

北京大学深圳医院

The Shenzhen Hospital of PKU,Shenzhen

·市政公共

设计单位：江苏华建股份有限公司设计院
顾问单位：扬州意匠轩园林古建筑设计研究院
项目主持人：梁宝富
设计人员：梁宝富 项华珺 张杰 张帅帅 王珍珍 张敏

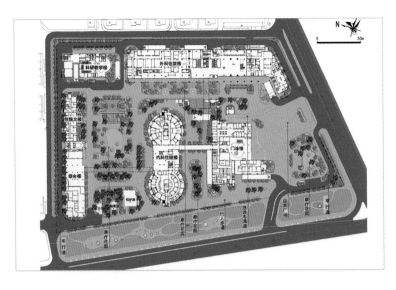

总平面图

鸟瞰图

效果图

10

中国国家画院
The China National Academy of Painting,Beijing
·办公景观

中国国家画院是在杨晓阳院长的指导下进行的融入古代建筑元素及传统文化的景观提升项目。
本项目在不改变原有景观布局的基础上，添加景观元素以丰富整体建筑文化内涵。

设计人员：梁宝富　张晓佳　项华珺　储开鸣　刘德林　张敏

设计时间：2010 年

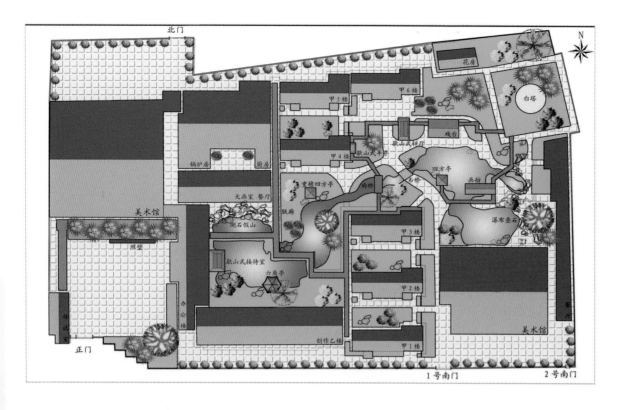

中国国家画院总平面图

中心庭院效果图

中心庭院效果图

办公区中庭效果图

办公区中庭效果图

国家画院实景照片

建业五栋大楼

The Jianye Five building, Zhengzhou

·办公景观

11

建业五栋大楼由河南建业集团投资建设，方案设计由北京 XD 建筑事务所负责，本院主要工作内容为扩初设计及施工图设计。本项目位于郑州市，景观面积为 1.5 万平方米。

设计人员：梁宝富 项华珺 张剑宇 张帅帅

设计时间：2012 年

五栋大楼鸟瞰图

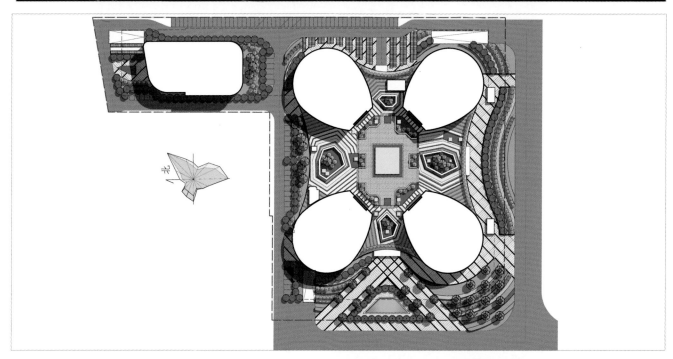

总平面图

五栋大楼效果图

建设大厦
The Jianshe building, Yangzhou

12

·办公景观

扬州建设大厦由江苏华建建设股份有限公司投资建设，该工程位于扬州东区运河之滨，景观设计面积为3万平方米。

设计人员：梁宝富　张晓佳　储开鸣　张剑宇　张敏

设计时间：2012年

建设大厦景观平面图

建设大厦实景照片

西宁虎台中学

The Hutai High School, Xining

· 办公景观

13

虎台中学位于青海省西宁市城西区，学校占地总面积 3.2 万平方米。2012 年虎台中学决定进行校园建筑加固及环境提升改造。本方案在景墙、雕塑、亭廊等建筑中融入文化元素，以山水、植物造景体现生态功能，综合营造良好的学习环境。

设计人员：梁宝富 储开鸣 张剑宇 张杰

设计时间：2012 年

设计阶段：方案设计及施工图设计

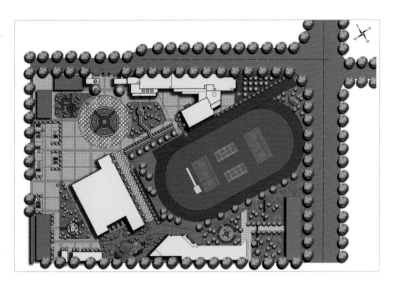

虎台中学总平面图

春华园效果图

志远园效果图

景观道效果图

入口改造效果图

百花园效果图

邵伯城
The Shaobo Town, Yangzhou
·住区景观

　　邵伯城位于水乡邵伯，结合项目的整体规划和布局，本着水的平面布局随"气势"而走的原则，水的源头定位于小区东侧步行主入口位置，结合原有河道的整体形状，在商业街区的拐点布置一处水景作为收尾。景观设计面积为 3.95 万平方米。

　　设计人员：梁宝富　项华珺　张帅帅　张剑宇　王欢　王珍珍　王驰　韩婷婷　张敏

　　设计时间：2013 年

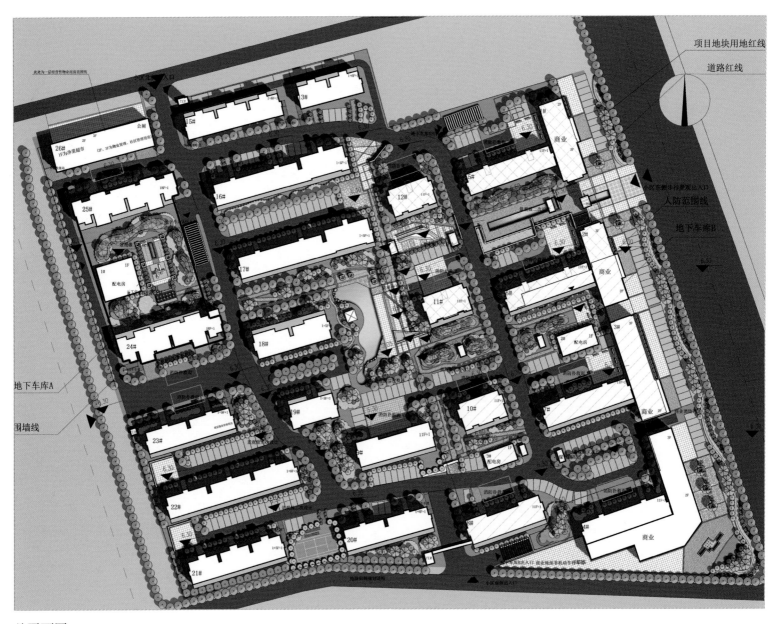

总平面图

入口处景观效果图

楼间庭院效果图

鸟瞰图

中心水景效果图

中心水景夜景图

15 江都春晖人家
The Chunhui Renjia, Jiangdu
• 住区景观

　　江都"春晖人家"保障性住房小区是江苏省保障性住房示范项目。规划占地 28 万平方米。在设计中从全方位着眼考虑设计空间与自然空间的融合，不仅仅关注于平面构图与功能分区，还注重于全方位的立体层次分布。

　　设计人员：梁宝富　王珍珍　储开鸣　张帅帅　曾晨　王欢

一期总平面图

鸟瞰图（由江都房管局提供）

楼间绿地效果图

实景照片

高邮大公馆

The Dagongguan, Gaoyou

· 住区景观

高邮大公馆项目规划用地位于高邮市老城区西侧，南临老城区住宅用地，西临京杭大运河和高邮湖，与唐代镇国寺塔隔河相望，总占地面积约 3.5 万平方米。

设计人员：梁宝富 项华珺 张晓佳 刘德林 张敏

设计时间：2009 年

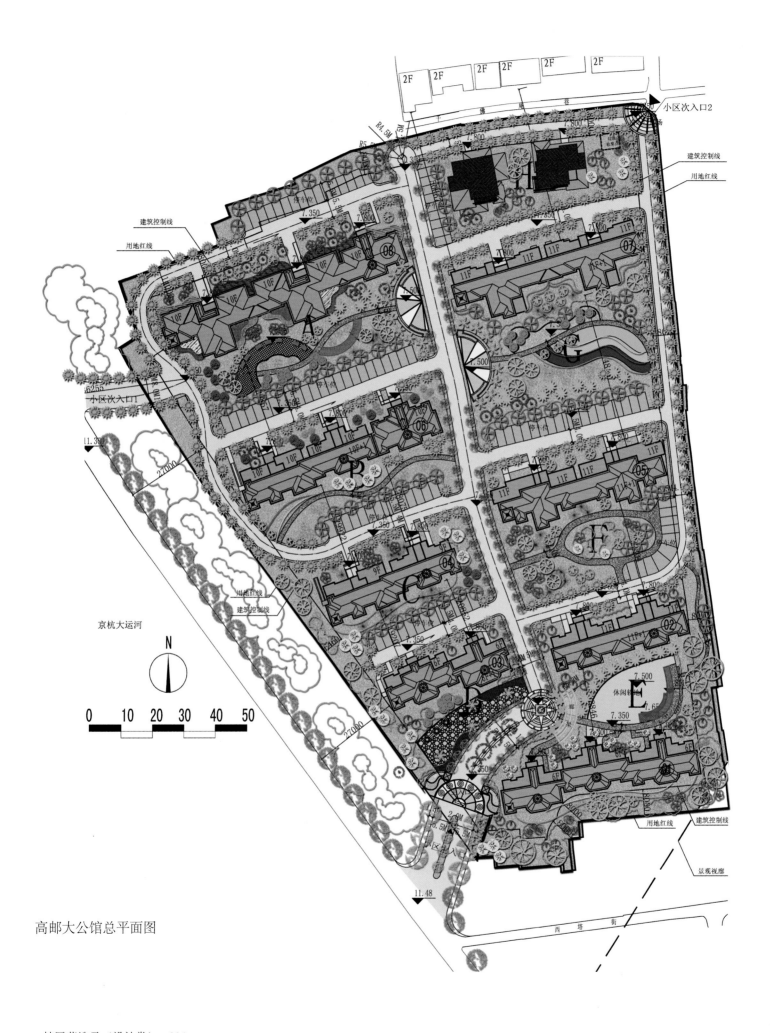

高邮大公馆总平面图

鸟瞰图（由高邮汇金房地产开发有限公司提供）

楼间效果图（由高邮汇金房地产开发有限公司提供）

大公馆实景照片

安阳亚龙湾东湖

The Yalongwan Bay of East lake, Anyang

17

·住区景观

顾问设计单位：扬州意匠轩园林古建筑设计研究院
设计人员：林玉明 项华珺 张剑宇 王珍珍 张帅帅 王欢 王驰
设计时间：2013 年

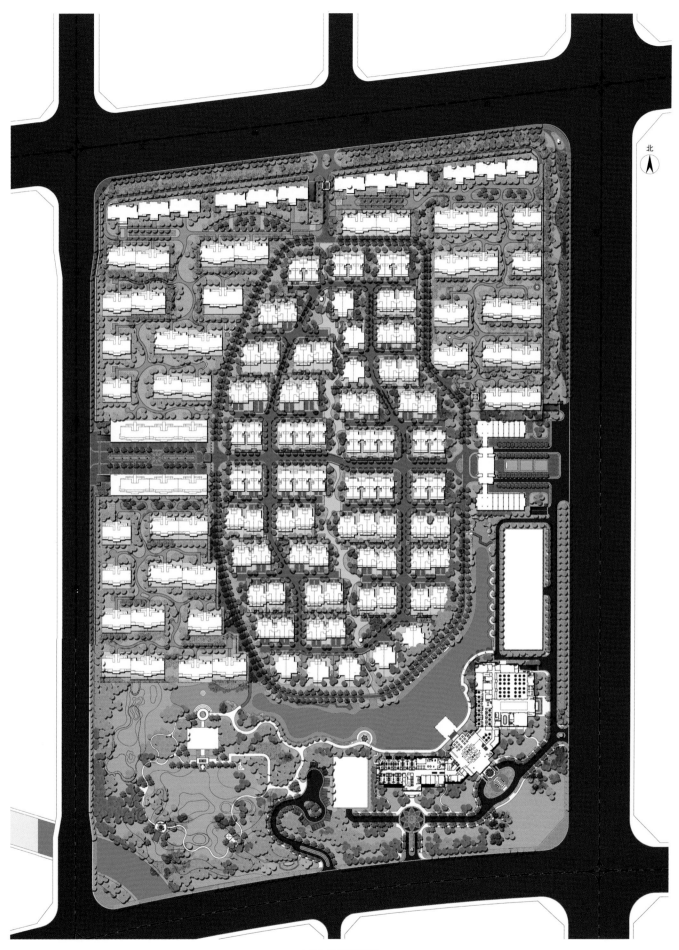

北

小区总平面图

酒店入口景观效果图

流水区效果图

湖区效果图

209　　- 风景园林类 -

18 扬州李典沿江村
The Yanjiang Village of Lidian, Yangzhou
· 乡村景观

　　沿江村位于李典镇西南部，南依长江，是专业渔业村。村城面积 1.44 平方公里，陆地水域面积 24 万平方米，林地 34.5 万平方米，绿化面积约 49 万平方米，绿化覆盖率 90% 以上。

　　设计人员：梁宝富　张杰　张帅帅

　　设计时间：2014 年

　　设计阶段：方案设计

沿江村规划总平面图

中心水域鸟瞰图

农家乐效果图

村庄效果图

渔港鸟瞰图

运西农场

The Yunxi Farm,Jinhu

· 乡村景观

设计人员：梁宝富　张帅帅　秦艳　吴海波　韩婷婷

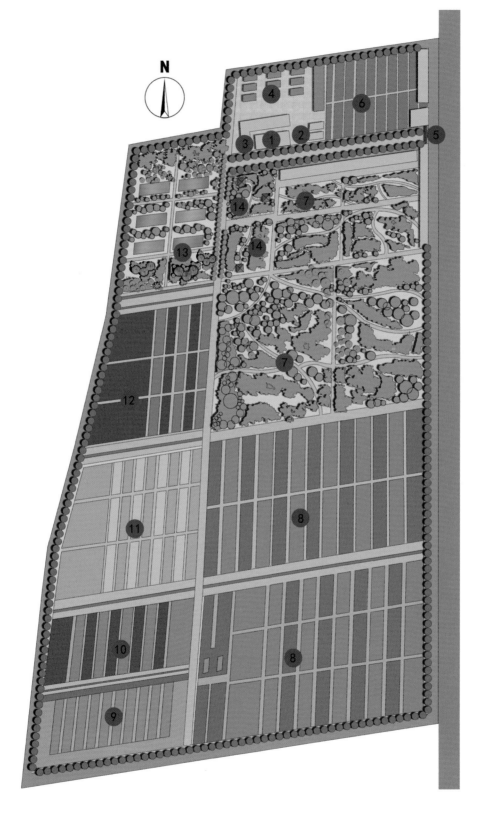

N

① 办公楼
② 招待所
③ 附属房
④ 酒厂
⑤ 入口牌坊
⑥ 枫树园
⑦ 植物园
⑧ 稻麦园
⑨ 专业养殖园
⑩ 果树园
⑪ 玉米种植区
⑫ 无公害蔬菜种植区
⑬ 垂钓中心
⑭ 大棚蔬菜种植区

运西农场总平面图

实景照片

其他建筑类

城市街景改造

The street facade Reconstruction

设计人员：梁宝富　刘德林　蔡伟胜　张晓佳　王驰　吴海波　王欢　秦艳　王珍珍　张帅帅　张杰
曾晨　陆宏宇　韩婷婷　刘申

杂匠旧作

望淮塔 / 设计：王洪铎、孙念澄、梁宝富

扬州竹西公园 / 设计：王洪铎、孙念澄、梁宝富

邯郸国棉公园 / 设计：王洪铎、梁宝富

扬州税校校园景观 / 设计：王洪铎、梁宝富

扬州塑二花园 / 设计：梁宝富

铁道部扬州培训中心 / 设计：梁宝富

共青东湖公园 / 设计：梁宝富

金陵家天下施工图 / 设计：梁宝富

耀邦陵园富华亭 / 设计：梁宝富

扬州红园路建筑设计 / 设计：梁宝富

江苏鼎鑫贡献楼 1、2 号楼 / 设计：梁宝富

江苏鼎鑫贡献楼 3 号楼 / 设计：梁宝富

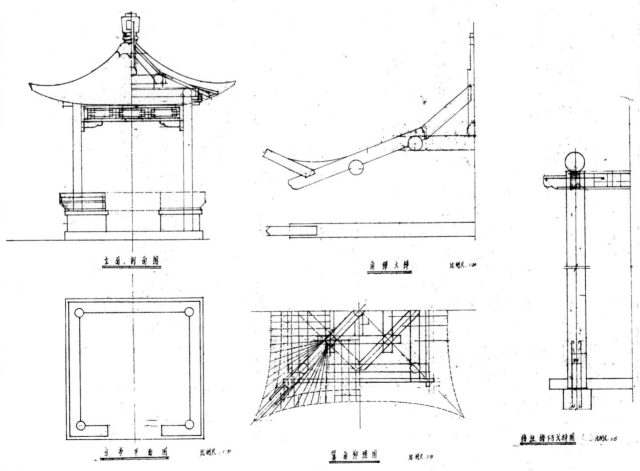

主面、剖面图

角梁大样 比例尺 1:20

方亭平面图 比例尺 1:30

翼角仰视图 比例尺 1:30

檐柱、擎手坊戈样图 比例尺 1:15

园林建筑图——四方亭

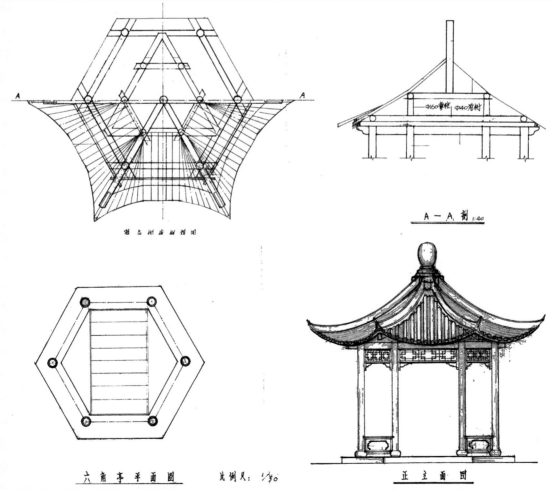

Φ160童柱 Φ40戗椽

A—A 剖 1:40

戗角测步柱指图

六角亭平面图　　比例尺:1/40

正立面图

园林建筑图——六角亭

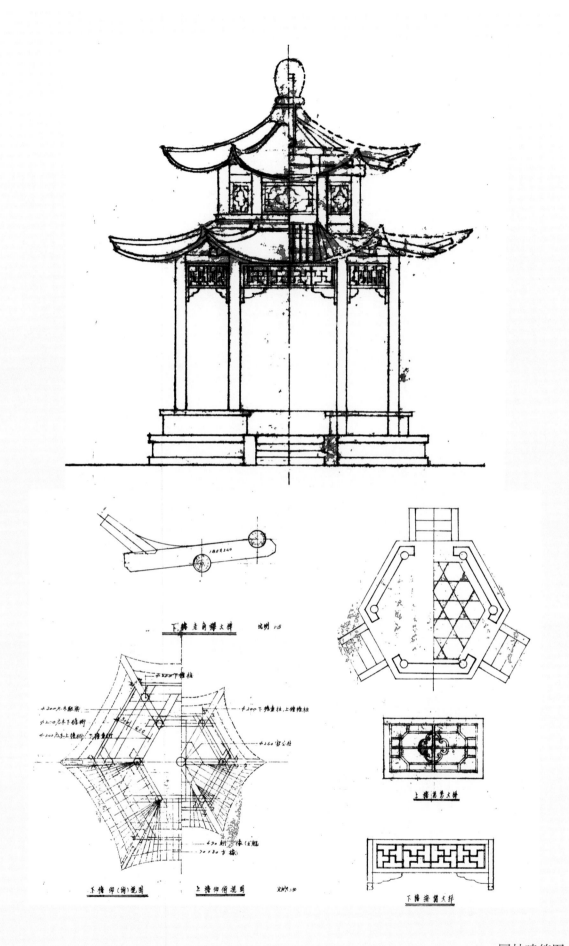

园林建筑图——重檐亭

－杂匠旧作－

立面图一

立面图二

园林建筑图——歇山亭

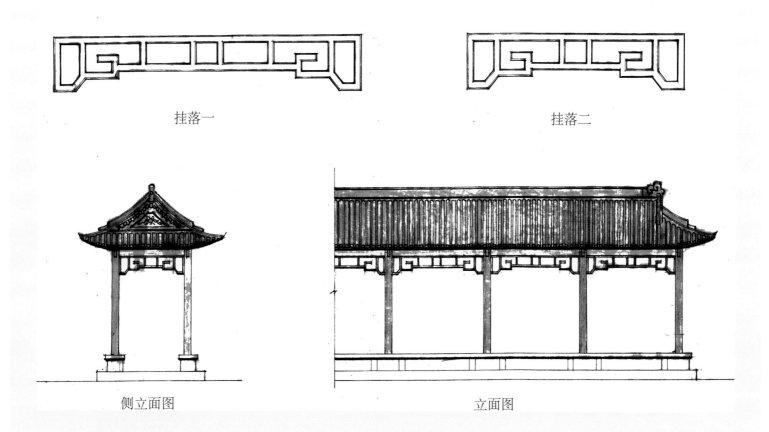

挂落一　　　　　　　　　　　　　挂落二

侧立面图　　　　　　　　　　　立面图

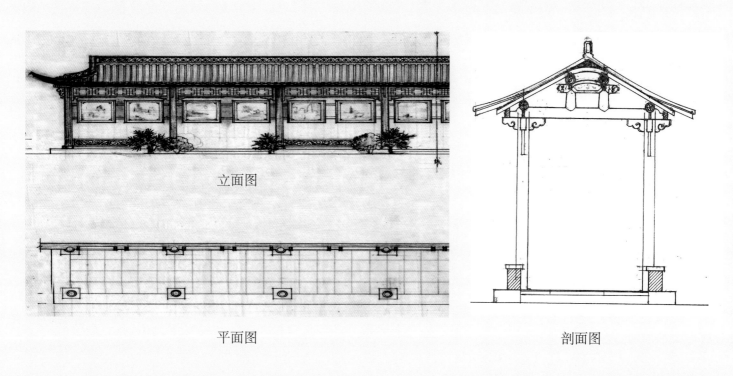

立面图

平面图　　　　　　　　　　剖面图

园林建筑——长廊

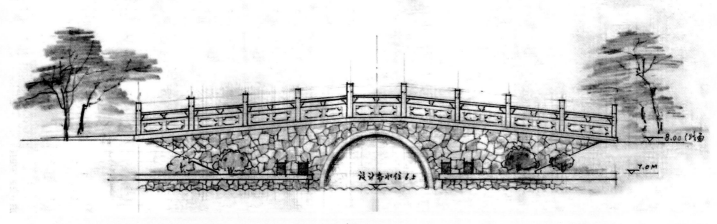

桥一

桥二

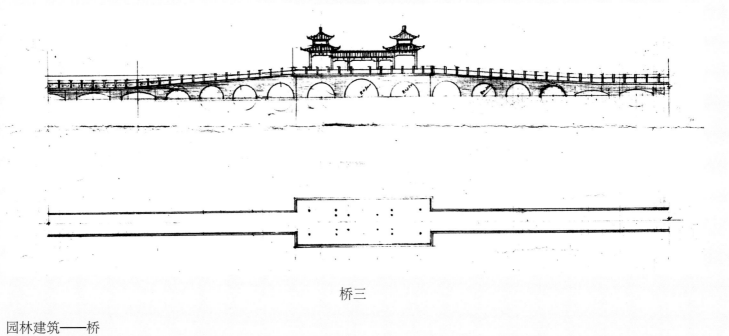

桥三

园林建筑——桥

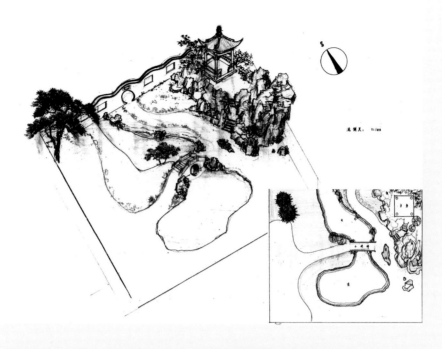

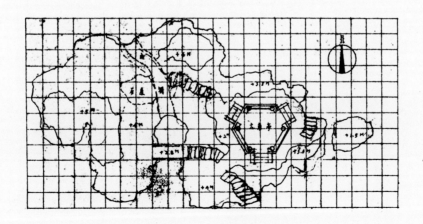

园林建筑——假山

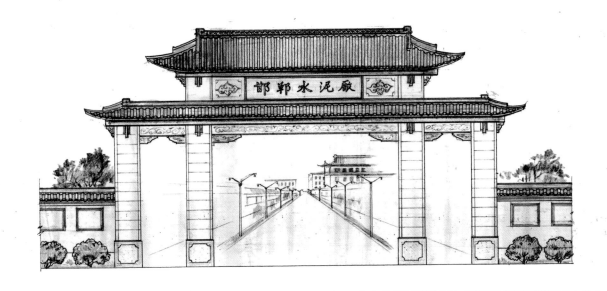

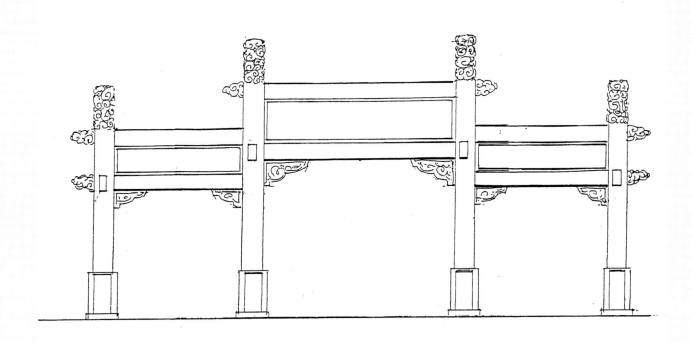

园林建筑——牌坊

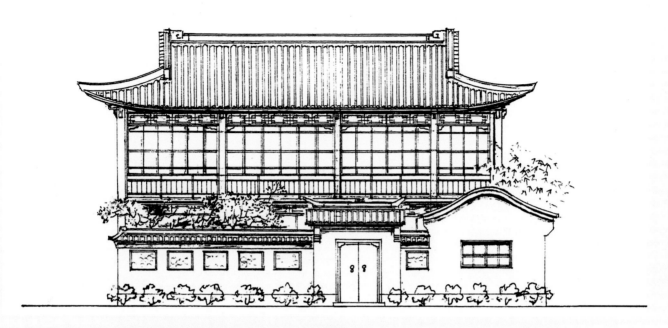

立面图

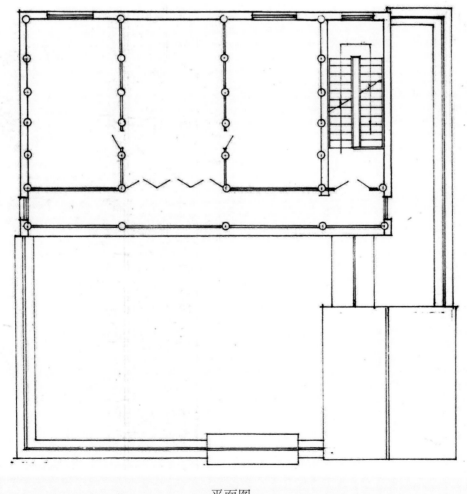

平面图

园林建筑——民居

－杂匠旧作－

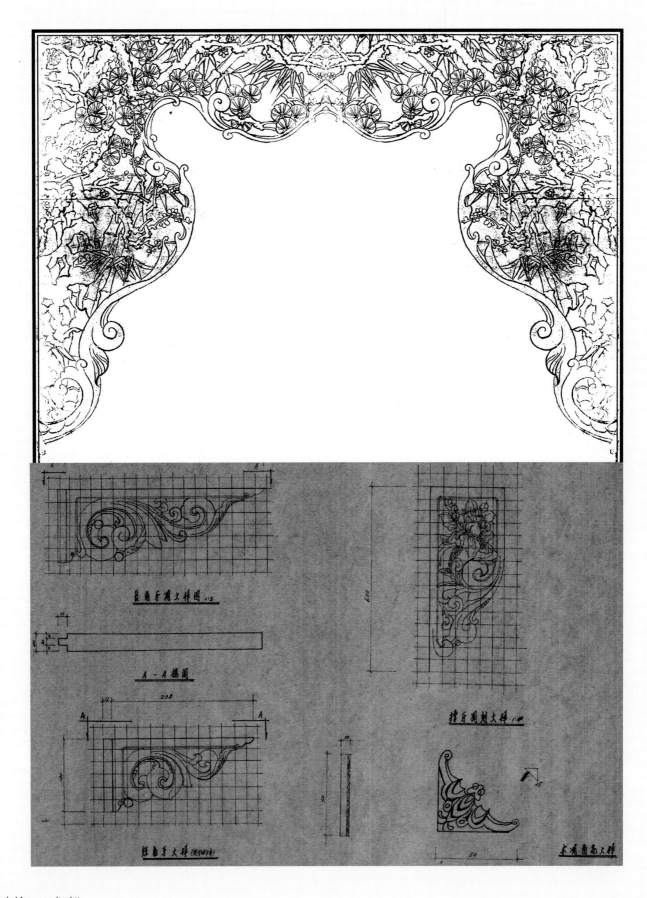

园林建筑——细部

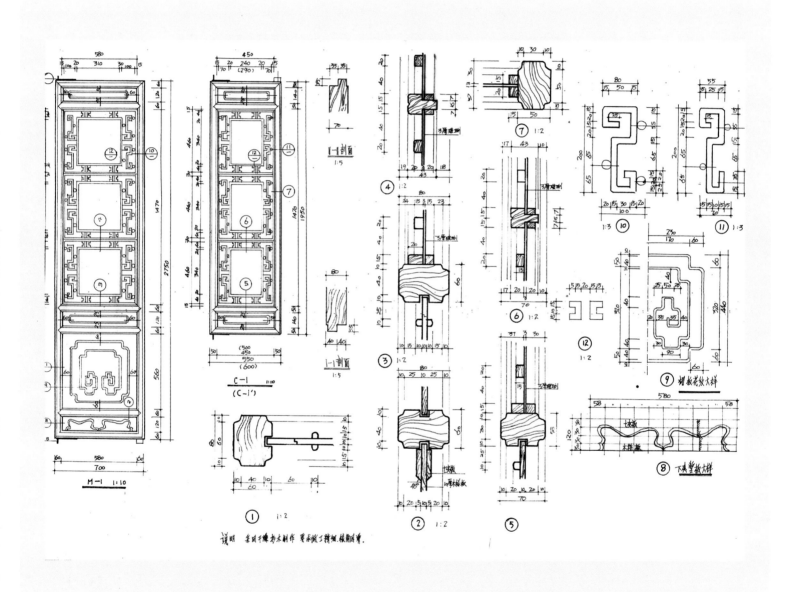

说明 采用干燥杉木制作 要求做工精细,线脚圆滑.

1988. 5. 蚌埠望淮塔

L.B.F
1990.10 芳草地花园

钢笔画

立面图

望淮塔习作图 （1985 年）

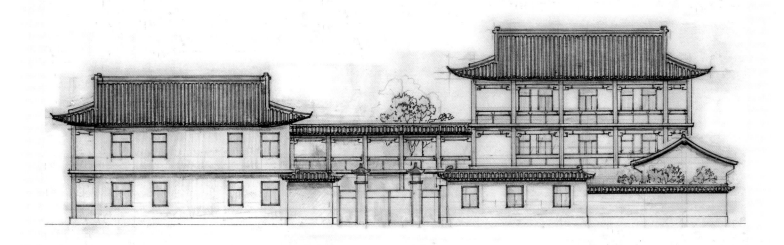

立面图

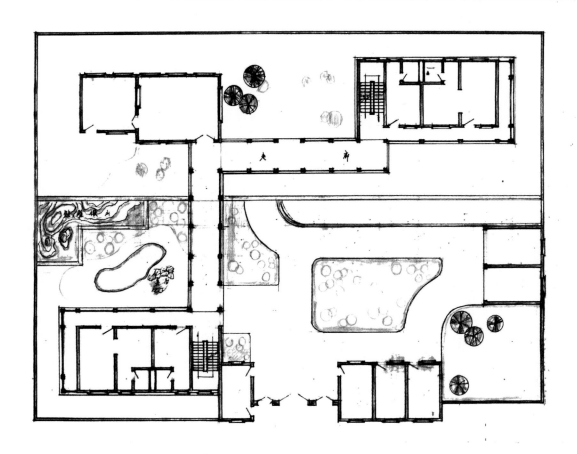

平面图

共青垦殖场湖滨宾馆方案图 （1990 年）

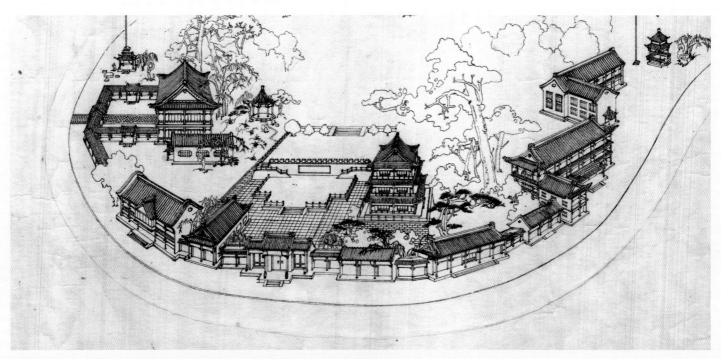

鸟瞰图

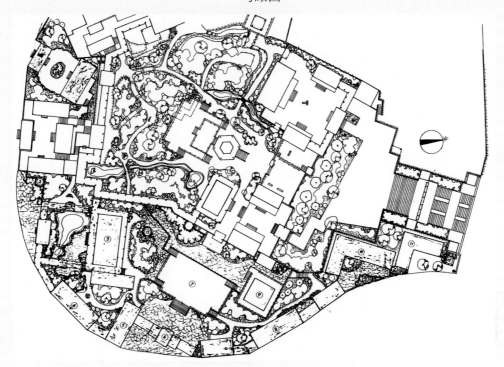

规划方案图

徐州戏马台扩建方案图（2000年）

－杂匠旧作－

初步设计图

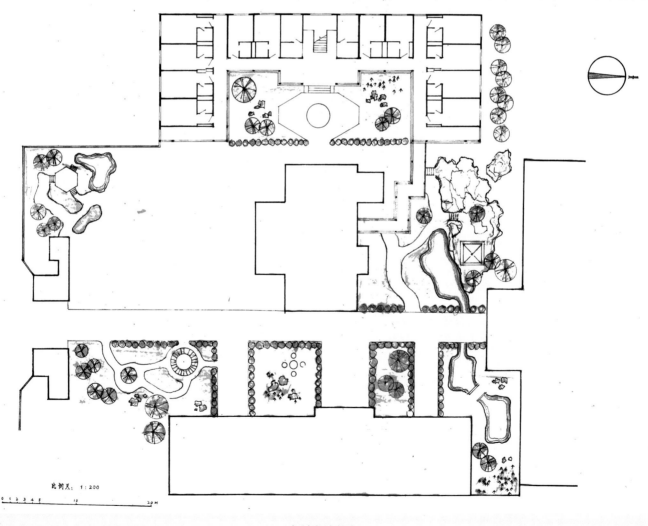

比例尺 1:200

0 1 2 3 4 5　　　10　　　　　　20 M

宾馆规划图

蒙城县漆园宾馆（1988 年）

立面图

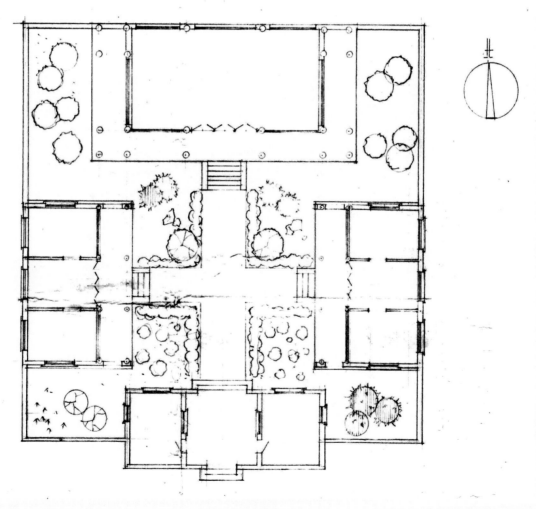

平面图

共青城茶山寺方案图（1990 年）

江都昭关农行方案图（1995 年）

江都昭关老东站地块方案图（1998 年）

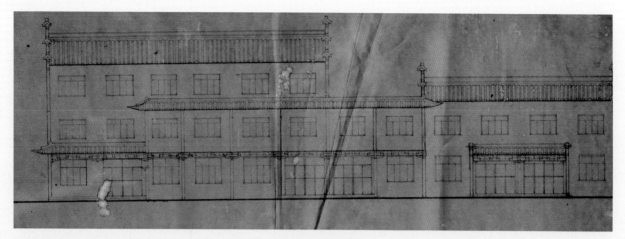

一单元立面图

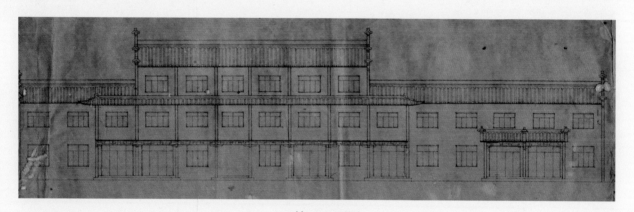

二单元立面图

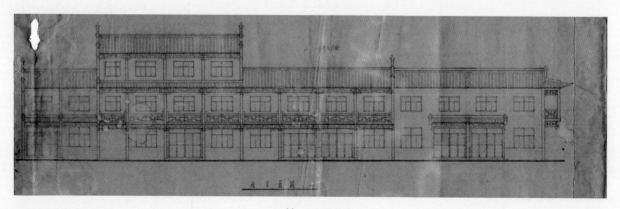

三单元立面图

扬州红园路建筑设计图（1992 年）

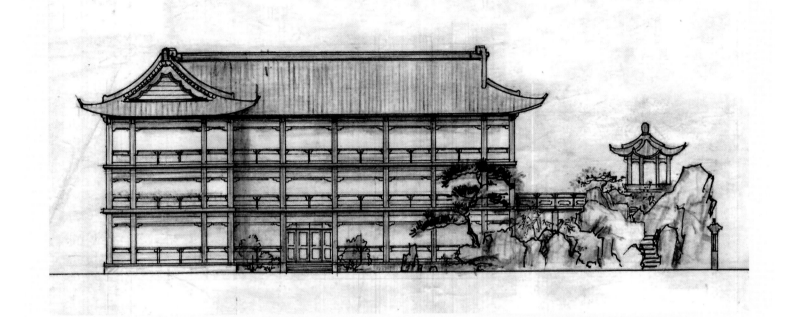

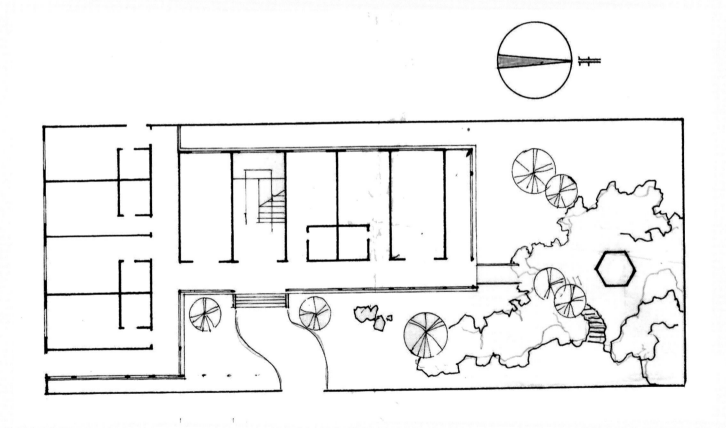

扬州塑二招待所方案 （1990 年）

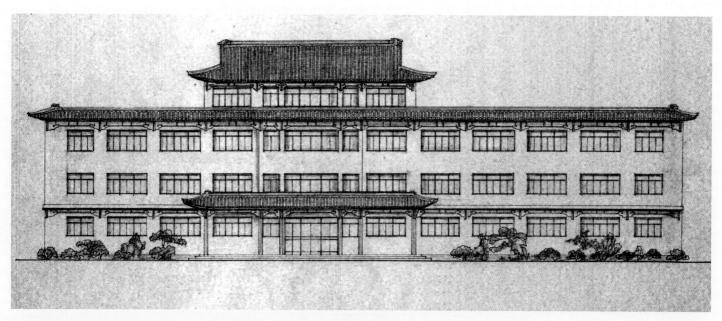

建筑立面图

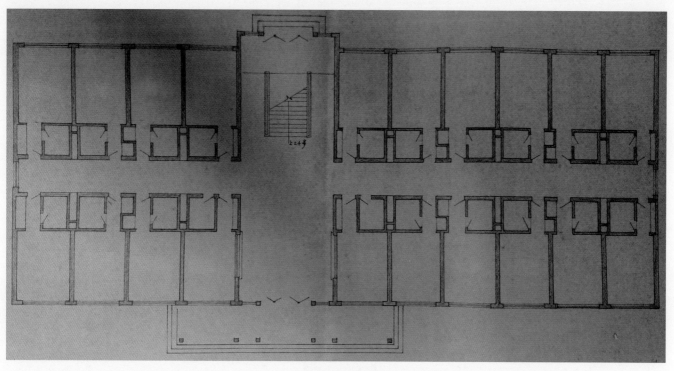

建筑平面图

淮安宾馆方案图 （1988 年）

－杂匠旧作－

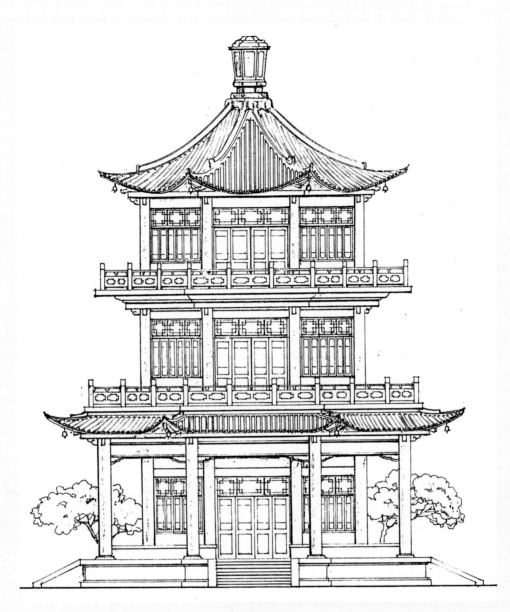

立面图

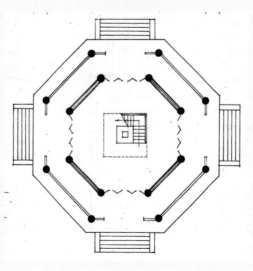

平面图

阜阳县颍州西湖清颍阁方案（1988 年）

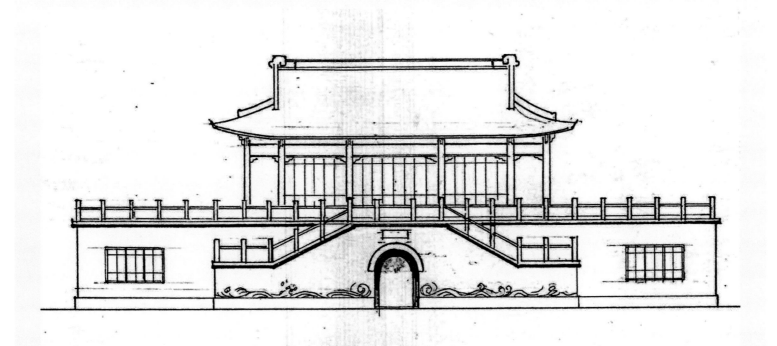

立面图

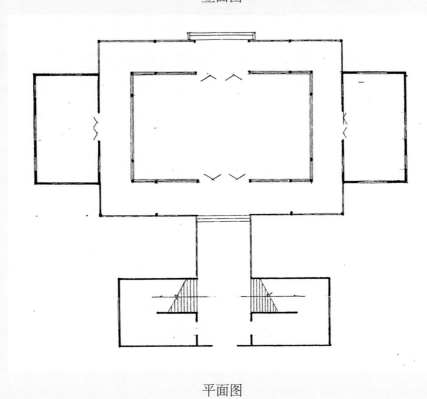

平面图

望淮楼方案（1989 年）

－杂匠旧作－

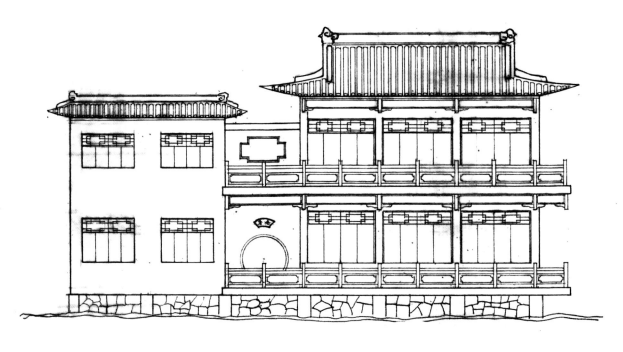

立面图 1:100

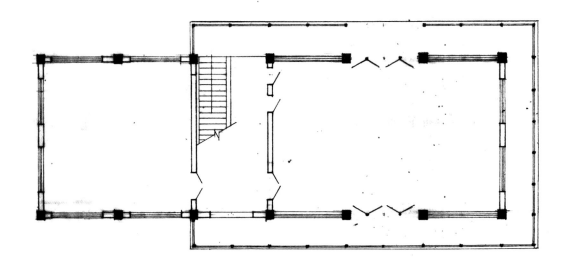

平面图 1:100

江西共青城水上餐厅（1989 年）
设计内容：建筑、结构、电气、给排水

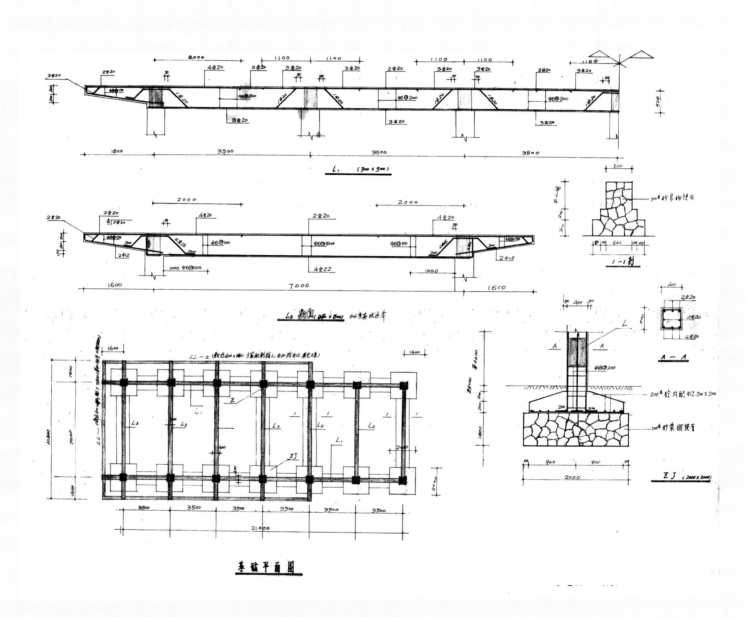

L₁ (300×500)

L₂ 断面 (25×500)

基础平面图

1—1剖

A—A

ZJ (2000×2000)

水上餐厅详图——结构

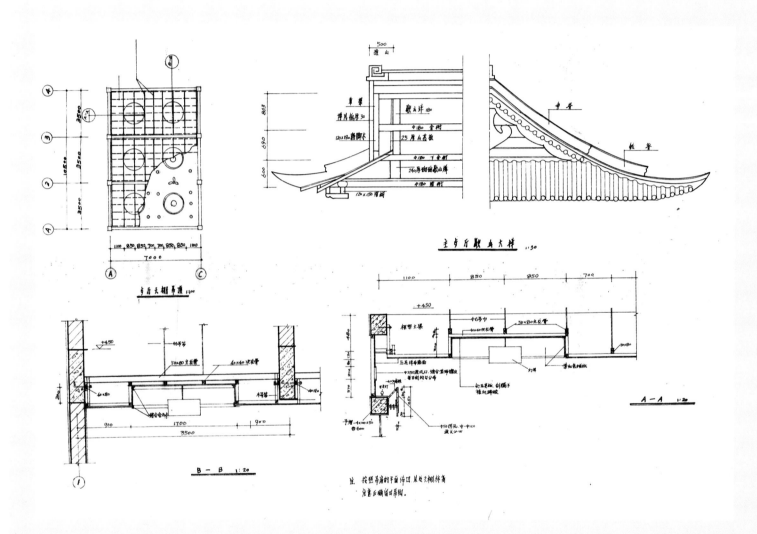

水上餐厅详图——内装修

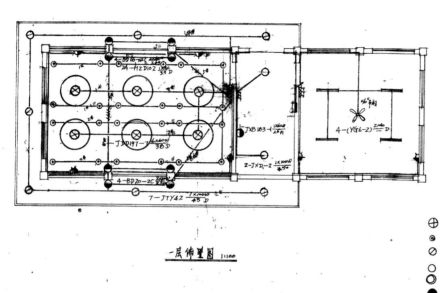

一层佈置图 1:100

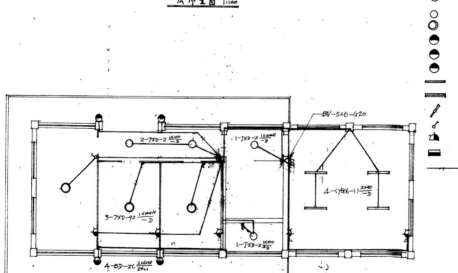

二层佈置图 1:100

图例及名称

⊕	JDD190-7	七叉反射型吊灯 6x40w（上海华丽灯具公司）
⊘	HZD102	中120嵌入式荧光灯 40w（红旗灯具厂）
○	JTY42	草笠麻园灯 2x60w（上海欧明制灯公司）
○	JXD-2	无缝金钢吸顶灯 40w
◐	JXD-92	有纹金杉吸顶灯 2x60w（上海光明灯具厂）
◑	BD20-2C	石柏花玻美壁灯 2x40w（宁波灯具厂）
◒	BD18-2C	喷杉方草双荧壁灯 2x40w（ 〃 ）
◓	JXB183-1	无纹草荧壁灯 1x40w（上海光明灯具厂）
━━	YG2-1	吸顶日光灯 40w
	YG6-2	四管吸顶日光灯 2x40w

56"牙扇（草阳速转装）

跷板式绳子关

250x6A采吸连接接合接插（洋地插上）

名盒及动力安装（暗装）

将官规程，内有塑料铜管包线

水上餐厅详图——电气图

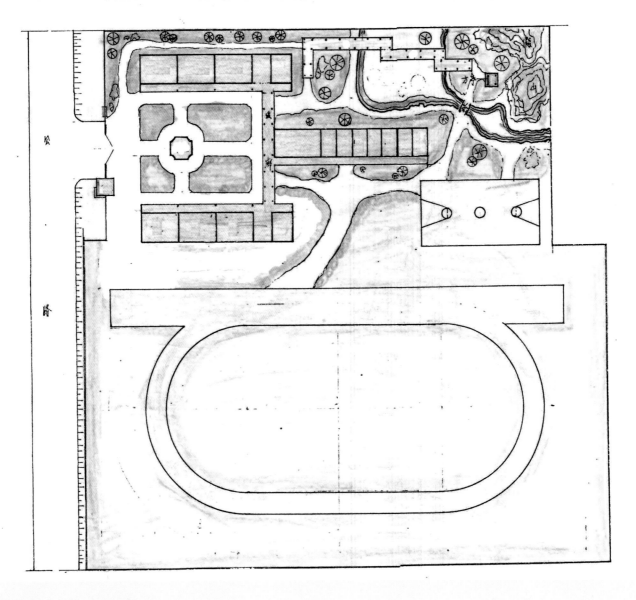

江西共青城小学 （1991 年）
设计内容：建筑、结构、电气、给排水

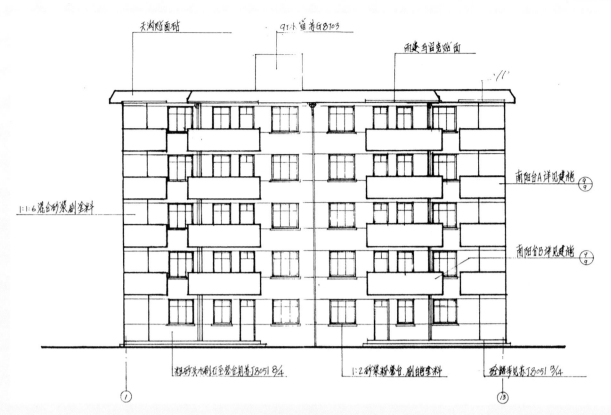

1、2号楼立面图 （1995 年）

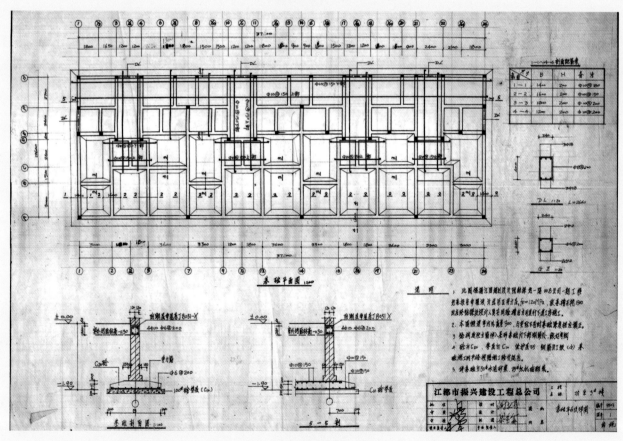

3 号楼 基础结构图

江苏鼎鑫建设公司 1、2、3 号贡献楼
设计内容：建筑、结构、电气、给排水

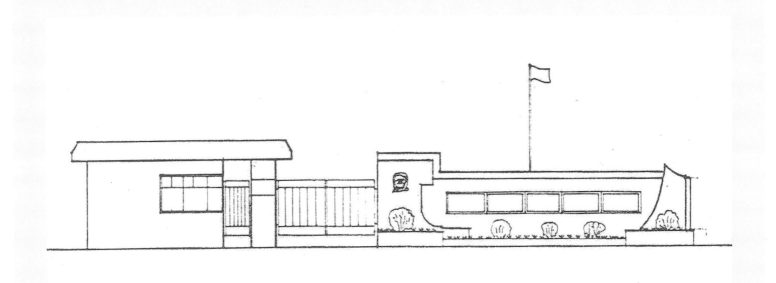

江都公安局昭关派出所（1997 年）
设计内容：建筑、结构、电气、给排水

传统建筑类 ·· 17

  · 寺庙

» 涟水法华寺 ·· 18

» 广元雪峰寺 ·· 25

» 广东增城百花寺 ·· 32

» 涟水能仁寺 ·· 39

» 扬州文峰寺 ·· 41

» 汕头石泉岩 ·· 44

» 兴化东岳庙 ·· 50

» 兴化宝严寺 ·· 53

» 广州大佛寺 ·· 56

» 报本寺 ·· 61

  · 公共建筑

» 深圳饮食文化城 ·· 64

» 南昌万达主题乐园 ··· 66

» 邵伯巡检司 ·· 69

» 深圳沙湾祠堂 ··· 72

» 汕头黄氏祠堂 ··· 74

» 通江门亭桥 ·· 76

» 万福桥 ·· 79

» 邵伯镇行政中心 ·· 84

  · 古典园林

» 牌坊 ··· 86

» 小玲珑山馆 ·· 89

» 沈坤状元府 ·· 94

» 汕头黄氏庄园 ··· 98

» 安徽阜南息园 ··· 101

» 沙特班达尔王宫 ·· 105

» 河下城河街客栈 ·· 108

建筑遗产保护类 ·· 110

» 扬州大明寺 ·· 111

» 扬州普哈丁墓 ··· 116

» 大运河遗产 ·· 119

 · 天宁寺方丈室 ·· 120

 · 湾头河街 ··· 122

 · 邵伯明清故道 ·· 123

 · 淮扬主线 —— 邵伯段 ·· 126

 · 高邮当铺 ··· 127

 · 宝应刘家堡减水闸 ·· 129

 · 淮扬主线 —— 跃龙关 ·· 130

 · 淮扬主线 —— 宝应段 ·· 131

 · 淮安镇淮楼 ·· 132

 · 宝应射阳湖 ·· 133

 · 邗沟东道 · 樊川 ·· 134

» 大相国寺藏经楼 136
» 盐城陆公祠 138
» 栖霞寺 141
» 仙鹤寺 143
» 盐城新四军旧址 146
· 抗大旧址 147
· 顾正红故居 148
· 华中鲁艺烈士陵园 149
· 《盐阜大众报》创刊旧址 150
» 董恂读书处 151
» 阮家祠堂 154
» 吴道台及芜园旧址 157

风景园林类 **160**

· 市政公共

» 凤台体育公园 161
» 阜南刘体仁公园 164
» 普哈丁园 167
» 扬州三湾湿地公园 170
» 扬州河道景观提升 174
» 江都淮江公路 177
» 东关美食广场 179
» 金沙湖高尔夫球场 182
» 北京大学深圳医院 186

· 办公景观

» 中国国家画院 188
» 建业五栋大楼 191
» 建设大厦 193
» 西宁虎台中学 195

· 住区景观

» 邵伯城 197
» 江都春晖人家 200
» 高邮大公馆 203
» 安阳亚龙湾东湖 207

· 乡村景观

» 扬州李典沿江村 210
» 运西农场 213

其他建筑类 **216**

» 城市街景改造 217
· 氾水古镇 218
· 砖桥街区 219
· 邵伯古镇 220
· 扬州徐凝门路 223

杂匠旧作 **224**

致　谢

　　意匠轩十年的古建筑园林、文保工程设计的艰苦创业的历程，得到了扬州市、广陵区政府、各级主管部门及社会各界的专家、朋友的大力支持和帮助，在此表示衷心的感谢。

　　特别感谢的还有：

扬州名城建设有限公司

扬州大明寺

扬州文峰寺

广州大佛寺

河南正弘置业有限公司

宝应县文体广电和新闻出版局

高邮市文体广电和新闻出版局

邵伯镇人民政府

淮安市淮安区文体广电和新闻出版局

盐城市文体广电和新闻出版局

江苏华建建设股份有限公司设计院

北京兴中兴建筑设计事务所

扬州天翼园林设计研究院有限公司

扬州市古宸古典建筑工程有限公司

扬州城市规划设计研究院

江苏油田设计院

深圳市中外园林建设有限公司

扬州大学建筑设计研究院

扬州历史文化名城研究院